LES MONDES

OU

ESSAI PHILOSOPHIQUE

SUR LES CONDITIONS D'EXISTENCE DES ÊTRES ORGANISÉS

DANS NOTRE SYSTÈME PLANÉTAIRE.

PAR

F. E. PLISSON, D. M.

PROFESSEUR A L'ATHÉNÉE ROYAL DE PARIS.

> On ne doit jamais rien abandonner à l'arbitraire,
> et jusque dans le domaine des conjectures, il faut
> que l'esprit sache se laisser guider par l'induction.
>
> A. DE HUMBOLDT, *Cosmos,* 1re partie,
> traduction française, p. 148.

PARIS

PAULIN, EDITEUR,

RUE RICHELIEU, 60.

1847

LES MONDES.

IMPRIMÉ PAR PLON FRÈRES, 36, RUE DE VAUGIRARD.

A MONSIEUR

H. J. LE VERRIER,

MEMBRE DE L'ACADÉMIE DES SCIENCES ET DU BUREAU
DES LONGITUDES,
PROFESSEUR DE MÉCANIQUE CÉLESTE A LA SORBONNE,
OFFICIER DE LA LÉGION-D'HONNEUR,
ETC., ETC....

Monsieur,

Lorsqu'un homme de génie conçut le projet, en naviguant toujours à l'ouest, de découvrir de nouvelles terres, aucun de ses contemporains ne pouvait croire au succès de son entreprise. Cependant Christophe Colomb réussit, au delà même de toutes ses espérances.

Vous aussi, monsieur, aviez vu s'élever, à l'encontre de votre mémorable prévision, des doutes sérieux, de l'incrédulité même, jusqu'au moment où la lunette de M. Galle, dirigée d'après vos indications, vint confirmer vos savants calculs et couronner votre œuvre, en inscrivant, à la voûte des cieux, le nom de celui qui l'avait si habilement élaborée.

Il me semble vous voir encore, au sein de notre premier corps académique, tracer, d'une main hardie, l'orbite du nouvel astre, en discuter toutes les positions possibles, et marquer, avec conviction, celle que vous jugiez devoir être la véritable. Votre espoir ne fut point trompé : la Planète Le Verrier apparut à une très-faible distance du lieu que vous lui aviez si nettement assigné. Le triomphe, que vous avez obtenu, est un des plus magnifiques qu'ait offert, jusqu'à ce jour, l'histoire des découvertes astronomiques. Jouissez donc, monsieur, jouissez de la gloire impérissable que vos travaux vous ont acquise, et dont la France entière, déjà si illustre entre toutes les nations de la terre, a bien le droit de se montrer heureuse et fière.

Mais aujourd'hui que, par vos délicates et persévérantes analyses des perturbations d'Uranus, vous êtes parvenu à doter d'un monde considérable notre système planétaire, et que vous en avez tout à coup doublé l'étendue, serait-ce une curiosité déplacée que d'essayer de rechercher, d'après les bases les plus positives de la science, quelles peuvent être les conditions d'existence des êtres organisés dans tous ces mondes? Peut-être, car il est des problèmes inaccessibles; celui-ci, toutefois, ne m'a pas paru l'être à ce point qu'on ne puisse tenter quelques efforts pour l'élucider; c'est ce que je me suis proposé de faire rationnellement, en appliquant les lois les mieux connues de la physiologie aux données les plus précises de la belle science sur laquelle votre récente découverte vient de jeter un si vif éclat.

Veuillez agréer, monsieur, ce simple essai avec l'indulgence d'un grand talent, et comme un témoignage de ma bien sincère admiration !

F. E. PLISSON.

Paris, ce 12 décembre 1846.

TABLE MÉTHODIQUE

DES MATIÈRES.

TROISIÈME SECTION.

QUATRIÈME SECTION.

CINQUIÈME SECTION.

PRÉAMBULE.

Il n'est personne qui n'ait lu, avec plaisir, les spirituels *Entretiens de Fontenelle sur la Pluralité des Mondes*. Deux astronomes de la plus haute distinction, Lalande et Bode, ont pris la peine d'y ajouter des notes, mais n'ont pas voulu se permettre de rien changer au texte, malgré les grossières erreurs qu'il consacre. On sait, en effet, que l'ingénieux et élégant auteur de ce livre a défendu jusqu'à sa mort, arrivée en janvier 1757, le système erroné des tourbillons de

Descartes. Or, ce que ces savants éminents n'ont pas cru devoir faire, ce ne serait pas à nous, certes, de l'oser ; d'ailleurs le talent indispensable pour imiter un tel modèle, nous ferait nécessairement défaut. En outre, qu'il nous soit permis de rappeler que Fontenelle a plus cherché à amuser son lecteur qu'à l'instruire, et que le temps dans lequel nous vivons est devenu trop sérieux pour que nous soyons tenté de nous engager témérairement dans une semblable voie [1].

L'insuffisance de nos moyens et la direction

[1] L'ouvrage posthume d'Huygens, sur le même sujet, est beaucoup moins connu ; il a aussi le défaut d'avoir forcé les conséquences de certains principes et d'avoir dépassé les limites des conjectures raisonnables. Comme Fontenelle, l'auteur du *Cosmotheoros*, en donnant carrière à sa brillante imagination, s'est laissé aller à des rapprochements, à des suppositions, à des hardiesses que ni la science, ni la logique ne sauraient autoriser. (Voir la note terminale du § 92 et en entier le § 101.)

Lalande a été beaucoup plus circonspect sans doute ; mais il n'a traité qu'accessoirement de cette question dans ses ouvrages et même dans sa petite Astronomie des Dames, que pourtant il destinait à remplacer le livre de Fontenelle, qu'il ne trouvait pas assez instructif.

D'Alembert, dans l'Encyclopédie, les deux Herschel

plus sévère des idées nous font une loi de suivre une tout autre marche. C'est ainsi que, laissant de côté les conceptions frivoles et badines de l'aimable philosophe normand, nous nous attacherons à ne présenter ici que des conjectures rationnelles appuyées sur les grands faits de la science, et cela sans nous préoccuper de ce que ce genre de recherches pourrait avoir de séduisant pour l'imagination ; attendu que nous ne nous sentons pas de force à nous charger du soin, si difficile d'ailleurs, de distraire les esprits ennuyés ou irréfléchis. Toutefois un pareil sujet, traité d'après les données les plus exactes de l'astronomie, ne saurait être dépourvu d'un certain intérêt, puis

dans leurs Mémoires et Traités, n'en ont également parlé qu'en passant.

Nous en devons dire autant de la généralité des auteurs qui ont écrit sur l'astronomie, attendu que la solution de ce problème biologique, alors même qu'elle serait possible, n'amènerait évidemment aucun changement aux théories de cette science (voyez § 98), soit par rapport aux lois qui règlent les mouvements des astres, soit par rapport aux forces qui produisent ou entretiennent ces mouvements.

que cet intérêt est inhérent à la nature même de
la question à débattre.

Daubenton avait coutume de qualifier de : *débauche d'esprit*, toutes les excursions que l'imagination se permet de faire en dehors des limites de la véritable science, de la science rigoureuse, positive, et qu'on peut avouer. Mais tel n'est pas notre cas, veuillez bien le remarquer, car nous déclarons de nouveau que, quelque avantage qu'il puisse y avoir à présenter nos déductions biologiques sous un jour aussi séduisant que fantastique, nous ne voulons sacrifier à aucune considération qui ne serait pas fondée sur les renseignements que peuvent nous fournir les principes les mieux établis de la physique, de la mécanique et de la physiologie. Au surplus, nous nous défions trop de la *folle du logis*, comme l'appelait Montaigne, pour nous laisser entraîner à des spéculations purement imaginaires, à de vaines et stériles hypothèses que ne saurait justifier l'état présent de nos acquisitions scientifiques. La magnifique confirmation que la grande loi de la gravitation vient de recevoir des admirables travaux de M. Le Verrier, est une nouvelle démonstration de la sûreté des théories modernes, et de la nécessité de ne les jamais perdre de vue dans les recherches que nous nous proposons.

LES MONDES

ou

ESSAI PHILOSOPHIQUE

SUR LES CONDITIONS D'EXISTENCE DES ÊTRES ORGANISÉS

DANS NOTRE SYSTÈME PLANÉTAIRE.

CONSIDÉRATIONS PRÉLIMINAIRES.

---

§ 1.

L'idée première de l'habitabilité des astres que nous voyons rouler dans l'espace, est fort ancienne. Elle a été avancée et soutenue par les pythagoriciens, par les épicuriens, et par un grand nombre d'autres philosophes, dont Fabricius [1] et

[1] *Biblioth. græca*, tom. I, cap. 20.

Bonamy [1] nous ont laissé une longue liste. Dans leur opinion, les planètes étaient autant de mondes comme le nôtre; c'est-à-dire qu'elles étaient habitées comme l'est la terre. Ils croyaient même qu'une infinité d'autres corps célestes, qui échappent à notre vue par leur extrême éloignement, avaient aussi leurs populations d'êtres vivants et pensants. Cependant les Anciens, qui ignoraient le véritable système du monde et la nature planétaire de notre propre globe, ne pouvaient avoir, à ce sujet, de probabilités aussi grandes que celles que nous avons acquises depuis par suite des travaux de Copernic, de Galilée, de Képler, Huygens, Newton, Herschel, etc..... Or donc, si, avec nos connaissances actuelles, nous considérons, d'une part, l'active énergie que déploient les forces de la nature pour l'organisation de la matière partout où se rencontrent des conditions favorables aux manifestations et aux développements de la vie; et si, d'une autre part, nous faisons seulement quelque attention à la parfaite ressemblance de la terre avec les autres planètes, cette idée instinctive des plus illustres philosophes

[1] Acad. des Inscriptions, tom IX.

de la Grèce et des savants les plus recommandables de toutes les époques, ne nous paraîtra plus
avoir, en soi, rien que de très-raisonnable. « Sur
quoi, en effet, serait fondé, d'après la judicieuse
remarque de Lalande [1], le privilége qu'aurait la
terre d'être seule habitée, si ce n'est peut-être
sur l'imagination superstitieuse et timide de ceux
qui ne peuvent s'élever au delà des objets de leurs
sensations immédiates ?..... Que sommes-nous,
pourrait-on leur dire, en comparaison de l'univers ?..... Et quelques atomes d'une si frêle
existence peuvent-ils intéresser l'immensité de ce
grand tout..... »

§ 2.

S'il entrait dans nos vues de développer les
considérations qui se rattachent à la force en vertu
de laquelle les êtres organisés prennent naissance
et parcourent les diverses phases de leur existence,
il nous serait facile de prouver que tous les phé-

[1] Entretiens sur la Pluralité des Mondes de Fontenelle,
précédés, etc. Edit. de De Lalande, Paris, 1826, p. 138
et 181.

nomènes de la nature, quels qu'ils soient, consistent en des Actions et des Réactions réciproques : or, cette grande et rigoureuse vérité ne nous semble pas avoir besoin d'être démontrée; car elle n'est pas seulement manifeste dans les influences que les corps bruts ou inorganiques exercent les uns sur les autres; mais bien aussi, et plus peut-être encore quoique d'un autre genre, dans la série des phénomènes que présentent les corps organisés vivants, considérés dans l'origine et dans l'accomplissement de leurs fonctions.

L'air, l'humidité et les sucs de la terre fournissent aux plantes les matériaux nécessaires à leur nutrition et à leur accroissement. La chaleur, la lumière et l'électricité sont les autres moyens, à nous connus, que la nature met en œuvre pour agir sur les différents modes de vitalité des nombreuses espèces des végétaux. La puissance vitale réagit contre toutes ces impressions, et par là développe, dans les plantes, l'activité dont elles ont besoin pour atteindre à leurs différents âges successifs. — Il en est de même pour les animaux, dont les organes incités, stimulés et réparés par les aliments solides et liquides et par les agents physiques qui les entourent, réagissent, à eur tour, mais d'une manière variée, selon le mode d'action qu'ils ont ressenti.

La vie n'est donc qu'une succession d'*Actions* et de *Réactions* entre les tissus et les systèmes organiques d'une part, et les impressions tant internes qu'externes provoquées par tous les agents de la nature d'autre part.

Pour que ce principe fondamental d'actions et de réactions fût admis par les physiciens et par les astronomes, il a fallu qu'il fût démontré d'une manière claire et irrécusable ; mais on peut dire que son évidence est si palpable en physiologie qu'il n'a vraiment besoin que d'être énoncé pour être compris et admis sans difficulté [1].

[1] Que l'action vitale soit cause ou effet, ou ces deux choses à la fois comme nous le pensons, sa manifestation n'en restera pas moins la même ; rien ne sera changé dans les circonstances et les agents qui l'entretiennent et la font varier. Aussi pouvons-nous accorder, sans inconvénient pour la science, que, quant à son principe, la vie est une force dont on ne saurait dire autre chose sinon qu'elle est ainsi ; ce qui ne doit point empêcher de reconnaître que, quant à ses résultats, tout ne se borne, en fait, à *un simple enchaînement d'actions et de réactions*, quelquefois délicates, néanmoins toujours apréciables à l'œil d'un observateur intelligent et exercé. Telle est, en effet, l'idée qu'on peut se faire de ce moteur des phéno-

Malheureusement il faut reconnaître que, loin
que toutes les causes qui président à la manifestation et à l'entretien de la vie des êtres, qui peuplent avec nous le globe de la terre, nous soient
entièrement dévoilées, il est présumable que nous
ne sommes parvenus encore à saisir que le plus
petit nombre d'entre elles. Nous ne citerons que
les moins contestables, comme, par exemple, les
effets dépendant de la constitution géologique et
géographique du sol, les propriétés physiques et
chimiques des milieux liquides ou gazeux, la nature des aliments, l'action de la chaleur, de la
lumière, de l'électricité, du magnétisme, etc...
Mais, encore une fois, nous ne saurions douter

mènes fonctionnels des corps organisés vivants : sa nature,
il est vrai, nous est totalement inconnue et nous le sera
sûrement éternellement. Mais que nous importe cette
connaissance, si nous n'en avons pas besoin pour saisir et
étudier, avec fruit, les manifestations, la marche, les modifications de cette force quelle qu'elle soit. Elle est, elle existe,
elle se sent, elle se laisse observer ; voilà l'objet essentiel,
et qui doit seul appeler toute notre attention. C'est donc
à étudier les modes divers de son exercice que nous devons nous attacher, et non à nous perdre dans les ténèbres
épaisses qui enveloppent son origine. (Voir notre *Essai
sur une nouvelle classification des médicaments*. Paris,
1843.)

qu'indépendamment de ces causes ou sources actives de vie, il n'en existe très-probablement une multitude d'autres que nous sommes peut-être condamnés à ignorer à tout jamais. Aussi ne devrons-nous considérer, dans ces études relatives à l'habitabilité des astres qui composent notre système planétaire, que celles de ces conditions susceptibles d'appréciations rationnelles, en harmonie avec les faits généraux de la science astronomique et avec ce que les observations terrestres nous ont appris envers nos animaux et nos végétaux, seuls termes de comparaison qui soient à notre disposition.

§ 3.

Le globe que nous habitons fait partie d'un petit groupe de corps dont le Soleil est le centre commun.

Ces corps planétaires, actuellement au nombre de treize, circulent immédiatement autour de ce grand foyer de lumière et de chaleur, entraînant, avec eux, dix-neuf satellites, dont un de forme annulaire.

Le système entier est traversé, en tout sens, par un nombre indéterminé de Comètes.

Tel est, sans parler de cette foule innombrable d'astéroïdes auxquels on attribue généralement aujourd'hui l'origine des pierres météoriques, l'ensemble des astres qui constituent notre monde.

Au delà, mais à des distances incommensurables, à deux ou trois exceptions près, sont les Étoiles, que nous désignerons quelquefois sous le nom de mo..des extérieurs pour les distinguer du nôtre.

Viennent enfin les Nébuleuses qui ne paraissent être que des mondes en formation, et dont conséquemment nous n'aurons que peu de chose à dire.

TABLEAUX

DES ÉLÉMENTS PARTICULIERS A CHACUN DE CES CORPS.

Nota. — Pour le Soleil, les Planètes et les Comètes, les unités de comparaison sont celles que nous offrent les Éléments analogues de la Terre ; quant aux Éléments des Satellites, on les rapporte de préférence à ceux de leur planète centrale.

Nous n'inscrivons ci-après que ceux de ces Éléments qui peuvent nous être utiles pour nos études biologiques.

LE SOLEIL ☉

Distance à la Terre....	1,00
Diamètre............	109,93
Surface.	12 084,00
Volume.	1 328 457,00
Masse.	354 936,00
Densité.	0,26
Intensité de la pesanteur à la surface.	29,37
Vitesse de chute dans la première 1″.	143ᵐ91ᶜ
Inclinaison de l'axe de rotation.	82°68
Durée de la rotation....	25ʲ50

MERCURE ☿

Distance au Soleil.	0,387
Diamètre.	0,39
Surface.	0,15
Volume. . . . , ...	0,06
Masse.	0,17
Densité.	2,95
Intensité de la pesanteur à la surface.	1,15
Vitesse de chute dans la première 1″.	5ᵐ63
Inclinaison de l'axe de rotation, probablement peu différente de ce qu'elle est pour celui de Vénus.	Mal connue.
Durée de la rotation.	1ʲ004
Inclinaison de l'orbite.	7°00
Excentricité.	0,20
Durée de la révolution.	87ʲ97

VÉNUS ♀

Distance au Soleil.	0,723
Diamètre.	0,97
Surface.	0,94
Volume.	0,91
Masse.	0,89
Densité.	0,99
Intensité de la pesanteur à la surface.	0,95
Vitesse de chute dans la première 1″.	4ᵐ65ᶜ
Inclinaison de l'axe de rotation.	15°00
Durée de la rotation.	0ʲ973
Inclinaison de l'orbite.	3″39
Excentricité.	0,0069
Durée de la révolution.	224ʲ70

LA TERRE ♁

Distance au Soleil.	1,00
Diamètre.	1,00
Surface.	1,00
Volume.	1,00
Masse.	1,00
Densité.	1,00
Intensité de la pesanteur à la surface.	1,00
Vitesse de chute dans la première 1″.	4ᵐ90ᶜ
Inclinaison de l'axe de rotation.	66°52
Durée de la rotation. . . .	0ʲ997
Inclinaison de l'orbite. . . .	0° { C'est le plan de comparaison.
Excentricité.	0,0169
Durée de la révolution. . .	365ʲ25 approchant.

Unités de convention. (accolade regroupant les sept premières valeurs 1,00)

LA LUNE ☾

SATELLITE DE LA TERRE.

Distance à la Terre, en rayons terrestres. . . .	59ᵣ96435
Diamètre.	0,27
Surface.	0,07
Volume.	0,01968
Masse.	0,015
Densité.	0,76
Intensité de la pesanteur à la surface.	0,22
Vitesse de chute dans la première 1″.	1ᵐ078ᵐ
Inclinaison de l'axe de rotation.	88°51
Durée de la rotation. . .	27ʲ32 { Comme pour la révolution..
Inclinaison de l'orbite. . .	5°15
Excentricité.	0,0549
Durée de la révolution. . .	27ʲ32

MARS ♂

Distance au Soleil.	1,524
Diamètre.	0,56
Surface.	0,31
Volume.	0,17
Masse.	0,14
Densité.	0,79
Intensité de la pesanteur à la surface.	0,44
Vitesse de chute dans la première 1″.	2ᵐ16ᶜ
Inclinaison de l'axe de rotation. .	64°30
Durée de la rotation.	1ⁱ027
Inclinaison de l'orbite.	1°85
Excentricité.	0,093
Durée de la révolution.	686ⁱ98

VESTA [1] ⚶

Distance au Soleil. . .   2,373

Diamètre mal connu,
    estimé.   0,034

Surface. . . . .   Mal connue.

Volume. . . . .   Encore plus mal connu.

Masse. . . . .   Inappréciable.

Densité. . . . .   Inconnue.

Intensité de la pesanteur
    à la surface. . . . .   Inconnue.

Vitesse de chute dans la
    première 1″. . . . . .   Inconnue.

Inclinaison de l'axe de
    rotation. . . . . . .   Inconnue.

Durée de la rotation. . .   Inconnue.

Inclinaison de l'orbite. .   7°13

Excentricité.   0,089

Durée de la révolution.   1 335ʲ20

[1] Découverte par le docteur Olbers en 1807.

ASTRÉE [1].

Distance au Soleil. . .	2,5745
Diamètre.	Inconnu.
Surface.	Inconnue.
Volume.	Inconnu.
Masse.	Inconnue.
Densité.	Inconnue.
Intensité de la pesanteur à la surface.	Inconnue.
Vitesse de chute dans la première 1″.	Inconnue.
Inclinaison de l'axe de rotation.	Inconnue.
Durée de la rotation. . .	Inconnue.
Inclinaison de l'orbite. .	5″32
Excentricité.	0,1875
Durée de la révolution.	1 509 jours.

[1] Découverte, le 8 décembre 1845, par M. Hencke, de Driessen. On ne lui a pas encore affecté de caractère symbolique. Les Éléments ci-dessus sont les plus récents ; ils ont été calculés par M. Graham. (Voyez Compte-rendu

JUNON [1]

Distance au Soleil. . .	2,667
Diamètre mal connu, estimé.	0,17
Surface.	Mal connue.
Volume.	Encore plus mal connu.
Masse.	Inappréciable.
Densité.	Inconnue.
Intensité de la pesanteur à la surface.	Inconnue.
Vitesse de chute dans la première 1″.	Inconnue.
Inclinaison de l'axe de rotation.	Inconnue.
Durée de la rotation. . .	Inconnue.
Inclinaison de l'orbite. .	13°08
Excentricité.	0,254
Durée de la révolution.	1 590ᶦ998

de l'Académie des Sciences, séance du 26 octobre 1846, p. 826).

[1] Découverte par Harding le 1ᵉʳ septembre 1804.

CÉRÈS [1] ♀

Distance au Soleil. . . 2,767

Diamètre mal connu,
estimé. 0,05

Surface. . . . . Mal connue.

Volume. . . . . Encore plus mal connu.

Masse. . . . . Inappréciable.

Densité. . . . . Inconnue.

Intensité de la pesanteur
à la surface. . . . . Inconnue.

Vitesse de chute dans la
première 1″. . . . . Inconnue.

Inclinaison de l'axe de
rotation. . . . . . . Inconnue.

Durée de la rotation. . . Inconnue.

Inclinaison de l'orbite. . 10°62

Excentricité. 0,0785

Durée de la révolution. 1 684ʲ 539

[1] Découverte, le 1er janvier 1801, par Piazzi.

PALLAS [1] ♀

Distance au Soleil. . .	2,768
Diamètre mal connu, estimé.	0,01
Surface.	Mal connue.
Volume.	Encore plus mal connu.
Masse.	Inconnue.
Densité.	Inconnue.
Intensité de la pesanteur à la surface.	Inconnue.
Vitesse de chute dans la première 1″.	Inconnue.
Inclinaison de l'axe de rotation.	Inconnue.
Durée de la rotation. .	Inconnue.
Inclinaison de l'orbite. .	34°63
Excentricité.	0,2416
Durée de la révolution.	1 681ʲ709

[1] Découverte, par Olbers, le 28 mars 1802.

JUPITER ♃

Distance au Soleil.	5,203
Diamètre.	11,56
Surface.	133,6
Volume.	1 470,2
Masse.	339,3
Densité.	0,23
Intensité de la pesanteur à la surface.	2,55
Vitesse de chute dans la première 1″.	12^{m}49^c
Inclinaison de l'axe de rotation.	•86°90
Durée de la rotation.	0^{i}414
Inclinaison de l'orbite.	1°31
Excentricité.	0,0482
Durée de la révolution	4 332^{i}596

SATELLITES DE JUPITER.

Distance à Jupiter du 1er Satellite, en rayons joviens.	6ʳ0485
— Du 2e.	9,6235
— Du 3e.	15,3502
— Du 4e.	26,9983
Diamètre du 1er Satellite en fraction de celui de la Planète. . . .	0,027
— Du 2e.	0,022
— Du 3e.	0,037
— Du 4e.	0,034
Surfaces.	Mal connues.
Volumes.	Encore plus mal connus.
Masse du 1er Satellite en fraction de celle de la Planète. . . .	0,000017
— Du 2e.	0,000023
— Du 3e.	0,000088
— Du 4e.	0,000043

(Diamètres) Mal connus.

Densités. . . . . Inconnues.

Intensité de la pesanteur
  à la surface. . . . . Inconnue.

Vitesse de chute dans la
  première 1″. . . . . Inconnue.

Inclinaisons des axes de
  rotation. . . . . . . Inconnues.

Durées des rotations. . Les mêmes que pour
                  les révolutions.

Inclinaison de l'orbite
  du 1er Satellite. . . 3°00

— Du 2e. . . . . Variable.

— Du 3e. . . . . Variable.

— Du 4e. . . . . 2°98

Excentricités du 1er et
  du 2e Satellites. . . Insensibles.

— Du 3e et du 4e. . . Peu considérables.

Durée de la révolution
  du 1er Satellite. . . 1ʲ7691

— Du 2e. 3ʲ5512

— Du 3e. 7ʲ1546

— Du 4e. 16ʲ6888

SATURNE ♄

Distance au Soleil.	9,539
Diamètre.	9,64
Surface.	92,34
Volume.	887,30
Masse.	104,40
Densité.	0,44
Intensité de la pesanteur à la surface.	1,09
Vitesse de chute dans la première 1″. . . . . ,	5ᵐ34ᶜ
Inclinaison de l'axe de rotation.	60°00
Durée de la rotation.	0ⁱ428
Inclinaison de l'orbite.	2″54
Excentricité.	0,0562
Durée de la révolution. . . .	10 758ⁱ970

DOUBLE ANNEAU ou SATELLITE ANNULAIRE.

ANNEAU EXTÉRIEUR.

Diamètre extérieur. . .   28 394 myriamètres.
—   intérieur. . .   24 988   —

ANNEAU INTÉRIEUR.

Diamètre extérieur. . .   24 412 myriamètres.
—   intérieur. . .   18 882   —
Intervalle des deux Anneaux.   288   —
Largeur des deux Anneaux, ensemble. .   4 754   —
Épaisseur du double Anneau.   20   —
Vide entre la Planète et l'Anneau intérieur. .   3 323   —

Le plan de l'Anneau est à peu de chose près dans le même plan que l'équateur de la Planète.

Excentricité du double Anneau, faible, mais réelle.

Rotation. 0ᵢ435

SATELLITES DE SATURNE.

Distance à Saturne du 1er Satellite,
en rayons de la Planète. . . . . . .   3 "35

— Du 2e.   4,30

— Du 3e.   5,28

— Du 4e.   6,82

— Du 5e.   9,52

— Du 6e. 22,08

— Du 7e. 64,36

Durées des rotations, les mêmes que celles des révolutions.

Inclinaisons des orbites des six premiers Satellites à très-peu près dans le plan du double Anneau.

Inclinaison de l'orbite du septième très-considérable par rapport aux autres.

Excentricités des six premiers Satellites, très-faibles.

Celle du septième, sensible.

Durée de la révolution du 1er Satel-
lite. 0ʲ943
— Du 2ᵉ. 1ʲ370
— Du 3ᵉ. 1ʲ888
— Du 4ᵉ. 2ʲ739
— Du 5ᵉ. 4ʲ517
— Du 6ᵉ. 15ʲ945
— Du 7ᵉ. 79ʲ330

URANUS [1] ♅

Distance au Soleil.	19,183
Diamètre.	4,26
Surface.	18,15
Volume.	77,30
Masse.	19,81
Densité.	0,26
Intensité de la pesanteur à la surface.	1,11
Vitesse de chute dans la première $1''$.	$5^{m}43^{c}$
Inclinaison de l'axe de rotation, présumée de.	11°00
Durée de la rotation.	Inconnue.
Inclinaison de l'orbite.	0°77
Excentricité.	0°0467
Durée de la révolution. . . .	30 688ʲ 713

<hr>

[1] Découvert, le 13 mars 1781, par William Herschel.

SATELLITES D'URANUS.

Distance à Uranus du 1er Satellite,
en rayons de la Planète. 13ʳ12

— Du 2e.   17,02

— Du 3e.   19,85

— Du 4e.   22,75

— Du 5e.   45,51

— Du 6e.   91,01

Durées des rotations, les mêmes que
pour les révolutions.

Inclinaisons des orbites. . . . .   78°997

Excentricités insensibles.

Durée de la révolution du 1er Satellite. 5ʲ893

— Du 2e. 8ʲ707

— Du 3e. 10ʲ961

— Du 4e. 13ʲ456

— Du 5e. 38ʲ075

— Du 6e. 107ʲ694

PLANÈTE LE VERRIER[1].

Distance au Soleil. . . .	36,154
Diamètre.	6,13
Surface.	37,57
Volume.	230,34
Masse.	38,00
Densité.	0,16
Intensité de la pesanteur à la surface.	1,02
Vitesse de chute dans la première 1″.	5ᵐ00ᶜ
Inclinaison de l'axe de rotation.	Inconnue.
Durée de la rotation. . . .	Inconnue.
Inclinaison de l'orbite. . . .	5°40
Excentricité.	0,107
Durée de la révolution. . .	79 400ᴶ602

Éléments provisoires.

[1] Cette planète lointaine, dont la seule puissance du calcul a révélé à M. Le Verrier l'existence, la position, le volume, la masse, etc., n'a point encore reçu de nom

COMÈTES ✵⋘

Plus grande distance périhélie des
Comètes. 4ˣ070
  Exemple : Comète de 1729.

Plus petite distance périhélie. . . .   0,005
  Exemple : Comète du mois de
  mars 1843.

Plus grande distance aphélie des
Comètes. . . . .   844,00[1]
  Exemple : Comète de 1680.

Plus petite distance aphélie : Entre la région des
  planètes télescopiques et celle de Jupiter.
  Exemple : Comète de 1818, dite de Pons,
  ou plutôt d'Encke.

propre, ni de signe symbolique. Elle a été vue, pour la
première fois, le 23 septembre 1846, par M. Galle, astronome de l'Observatoire de Berlin, qui l'a trouvée à moins
d'un degré de distance du lieu qu'avait indiqué notre
jeune et illustre compatriote. (Voyez les Comptes-rendus
de l'Académie des Sciences des 1ᵉʳ juin, 31 août et 5
octobre 1846.)

[1] Ou 23 rayons et 1 tiers de l'orbite de la Planète Le
Verrier.

Masses inappréciables.

Inclinaisons des orbites à tous les degrés.

Excentricités en général fort grandes.

Plus longue révolution cométaire. . 88 siècles [1].
   Exemple : Comète de 1680.

Plus courte révolution cométaire. . 1 200 jours.
   Exemple : Comète d'Encke.

[1] Suivant Encke.

ÉTOILES ✿

Distances immenses et toutes inconnues, excepté pour deux seules étoiles : la 61ᵉ du Cygne, dont l'éloignement au Soleil est d'environ 620 000 rayons vecteurs de la Terre ; et l'étoile anonyme de la Grande - Ourse (la 1830ᵉ du catalogue de Groombridge , dite Étoile d'Argelander) dont la parallaxe vient d'être déterminée tout récemment par M. Faye. Sa distance au Soleil est égale à 195,000 fois celle de la Terre. — On cite encore une ou deux autres étoiles dont on pense avoir les distances ; mais ces dernières déterminations ne paraissent pas encore assez sûres pour être définitivement adoptées.

Masses inconnues.

NÉBULEUSES ⊛

Distances aussi prodigieuses et aussi ignorées que celles des étoiles.

Diamètres réels, immenses.

PREMIÈRE SECTION.

Des conditions relatives à l'état du sol et à la nature des milieux.

ARTICLE I.

De l'état physique du sol.

§ 4.

Les planètes et leurs satellites présentent, comme la Terre, des globes opaques et solides à la surface desquels les animaux peuvent se mouvoir, se reposer, s'attacher, se fixer, et les végétaux germer, pousser, prendre racine. Le globe immense du Soleil ne paraît être aussi lui-même qu'un corps obscur, enveloppé d'une double atmosphère, dont la plus superficielle est seule lumineuse. Cette constitution physique du Soleil, déjà entrevue par A. Wilson, par le professeur Bode, par le docteur Elliot, a été en quelque sorte démontrée, ou du moins rendue extrêmement vraisemblable, par les découvertes du célèbre W. Herschel, par les travaux de son illustre fils, et par ceux de l'éloquent professeur actuel de l'Observatoire de Paris. Ce dernier, aussi ingénieux physicien que grand astronome, a prouvé, à l'aide de ses belles expériences sur la polarisation de la lumière, que la région lumineuse du Soleil était de la nature des gaz incandescents [1].

Entre tous les astronomes de distinction qui n'ont point hésité à peupler le Soleil d'êtres sentants et pensants, il faut surtout citer Bode, qui non-seulement ne voyait pas de difficulté à admettre l'existence de ses habitants, mais qui même ne semblait guère douter du bonheur ineffable dont ils jouissent, « perpétuellement éclairés, comme ils sont, par leur atmosphère lumineuse, perpétuellement échauffés par les rayons

---

[1] Voyez les Comptes-rendus de l'Académie des Sciences et les savantes Notices qui enrichissent l'Annuaire du Bureau des Longitudes.

calorifiques provenant des combinaisons chimiques de cette même atmosphère et de l'atmosphère grossière qui la supporte ; admirant à loisir le magnifique spectacle de la nature à travers les ouvertures que nous prenons de la terre pour des amas de scories noirâtres, » etc... [1].

Dès l'année 1787, dit encore l'élégante et riche notice où nous puisons ces intéressants détails [2], le docteur Elliot soutenait que la lumière du Soleil était due à une aurore dense et universelle. De plus il croyait, avec d'anciens philosophes et avec des savants modernes extrêmement recommandables, que, malgré les torrents de chaleur et de lumière qu'il nous envoie, ce grand astre pouvait bien ne pas être très-chaud et conséquemment être habité. Le docteur Elliot, ayant eu le malheur de tuer miss Boydell dans un accès de jalousie, fut traduit aux assises d'Old-Bailey.

[1] Voyez le volume publié par la Société des Amis de l'Investigation de la Nature, Berlin, 1776, cité par M. Arago, Annuaire de 1842, p. 507. Voir aussi les notes de Bode sur la Pluralité des Mondes de Fontenelle, nouvelle édition, Berlin, 1785, p. 163-164.

[2] Arago, Annuaire de la même année, p. 514, et Encyclopédie d'Edimbourg, à l'article *Astronomie* par le docteur Brewster.

Ses amis cherchèrent à le faire passer pour fou
et y réussirent entièrement, en remettant aux
mains du jury les brochures qui contenaient les
idées que nous venons de rapporter. Eh bien!
presque tous les astronomes de nos jours, et les
plus éminents d'entre eux, adoptent très-volontiers
ces opinions qu'on estimait naguère ne pouvoir
provenir que de la cervelle d'un fou.

W. Herschel, un des plus grands astronomes
de tous les temps et de tous les pays, s'empara
l'un des premiers, continue M. Arago, des idées
condamnées du docteur Elliot, et basa sur elles
sa théorie de la constitution physique du soleil,
généralement reçue aujourd'hui. L'ingénieux Hanovrien pense que le globe solide du Soleil est entouré d'une double atmosphère dont l'intérieure,
dense et peu ou point lumineuse, est totalement
séparée de l'extérieure qui est brillante et chargée
de nuages phosphoriques. Pour lui, comme pour
Wilson et Bode, les taches du Soleil apparaissent lorsque, par l'effet de courants ascendants
échappés des soupiraux du corps de l'astre, des
ouvertures ou crevasses se forment dans les deux
atmosphères. On voit alors, par ces ouvertures,
le corps obscur intérieur, tout comme un obser-

vateur, placé dans la Lune, pourrait apercevoir la partie solide de la Terre à la faveur des éclaircies qui se font dans notre atmosphère, etc. [1].

Nous venons de dire qu'Herschel ne regarde pas comme contiguës les deux atmosphères, et qu'il établit, au contraire, qu'il existe un intervalle entre elles. Il estime que l'épaisseur de cette double enveloppe peut avoir de 5 à 600 myriamètres [2], ce qui porte la région dans laquelle nagent les nuages phosphoriques à une très-grande hauteur au-dessus de la surface même de l'astre.

La couche atmosphérique qui est à l'intérieur est très-dense et douée d'une puissance de réflexion très-considérable, propre à préserver efficacement les hôtes hypothétiques du Soleil de la radiation des régions lumineuses situées à l'extérieur; de façon qu'il se pourrait très-bien que ces habitants n'eussent pas à souffrir d'une trop forte chaleur, garantis qu'ils sont par le voile atmosphérique intérieur, qui se développe comme un dais, ou si vous aimez mieux comme une immense ombrelle, au-dessus de leurs têtes [3].

---

[1] Arago, même Annuaire, p. 510.

[2] Autrement 1,250 à 1,500 lieues de poste.

[3] D'après ses observations si précises et si délicates pen-

Les étoiles, qui, en réalité, constituent autant de soleils, peut-être plus gros que le nôtre, sont probablement dans le même cas; en sorte que si l'on conclut à l'habitabilité possible du Soleil, il serait bien peu légitime de se refuser à reconnaître celle des étoiles.

Que ceux maintenant à qui ces explications ne paraîtraient pas assez satisfaisantes veuillent don-

dant l'éclipse totale de Soleil du 8 juillet 1842, M. Arago ne parait pas éloigné d'admettre, autour de cet astre, une troisième enveloppe située au-dessus de la photosphère, et formée de nuages obscurs ou faiblement lumineux. (Annuaire de 1846, p. 464.)

Suivant M. Babinet, *les montagnes de feu*, *les nuages ignés*, *les proéminences rougeâtres*, *les gerbes de flammes*, qui ont été décrits par les divers observateurs de cette éclipse, et notamment par M. Arago, pourraient être considérés provisoirement comme des masses planétaires encore à l'état d'ignition rouge, ou même comme des restes de comètes qui se seraient par trop approchés du Soleil. (Compte-rendu de l'Académie des Sciences du 16 février 1846, p. 285.)

·Un chimiste et physicien d'une rare sagacité, M. Boutigny, d'Evreux, dont on connaît les curieuses expériences et les théories intéressantes relatives à l'état sphéroïdal des corps, pense que c'est dans cet état spécial que se trouve le globe du Soleil dans sa double ou triple enveloppe. (*Nouvelle Branche de Physique ou Études sur les corps à l'état sphéroïdal*, 2ᵉ édit., p. 162-163.)

ner quelque attention à cette judicieuse réflexion de Fontenelle, qui les rendra sans doute un peu moins difficiles : « Il n'est pas étonnant, dit-il, que la philosophie bégaye sur des choses si éloignées de la portée de nos yeux et si faiblement aperçues; il l'est seulement qu'on ait été si loin et qu'on ait pu, par exemple, distinguer géométriquement les deux hémisphères réels du Soleil. »

§ 5.

On vient de voir que le noyau du Soleil, que celui de chacune des étoiles devaient être des corps solides et opaques. Cette opinion, qui pourrait peut-être encore, malgré l'assentiment des savants le plus haut placés, ne pas paraître évidente à tout le monde, ne saurait plus du moins être mise en doute alors qu'il s'agit de nos planètes et de leurs satellites. Ces astres, en effet, s'éclipsent mutuellement, lorsque leurs distances et leurs positions respectives le permettent, et en outre, ils ne nous sont visibles, comme chacun sait, que par leur lumière d'emprunt. Sous le rapport donc de la solidité des matériaux qui les composent, l'a-

nalogie nous porte à croire que les globes planétaires, dont la ressemblance avec notre terre est
d'ailleurs si frappante, peuvent être habités, en
supposant toutefois, ce qui du reste est vraisem—
blable, que la nature de leur sol soit propice à l'é-
volution des forces vitales, à leur entretien, à leur
transmission. Car il est clair que si le sol de
telle ou telle planète ou satellite, que si celui de
notre Soleil ou de telle ou telle étoile étaient, par
exemple, de métal, de fer, de cuivre, de plomb,
il s'ensuivrait naturellement que des corps célestes ainsi constitués seraient tout à fait impropres à l'habitation d'aucun être organisé, soit
végétal, soit animal. Cette dernière condition
biologique, on le conçoit aisément, n'est pas
moins indispensable que la première, et même
plus rigoureuse encore.

Quant à ce que nous disions tout à l'heure
touchant la nécessité d'un sol fixe et solide pour le
développement et la conservation des êtres doués
de la vie, on pourra se convaincre sans peine de
cette nécessité en se rappelant ce fait très-certain
d'histoire naturelle, que loin des terres, au milieu
des grandes mers, aucune espèce vivante, soit
végétale, soit animale, ne trouve plus de condi-

tions suffisantes d'existence. Les véritables plantes, quoi qu'en aient dit certains botanistes, ne végètent pas au sein des eaux très-profondes. Les animaux marins eux-mêmes, cétacés ou poissons, quelques bons nageurs qu'ils soient, ne s'éloignent presque jamais à de grandes distances du rivage. Si parfois on en rencontre en pleine mer, ce n'est que fortuitement et comme égarés à la poursuite d'un ennemi qui fuit, ou bien à la remorque de quelque navire dont les immondices ont pu leur servir quelque temps de pâture. Or, nous le répétons, si ces animaux quittent ainsi les côtes, ce n'est que temporairement, leur subsistance n'étant assurée que dans le voisinage des terres ou près des bas-fonds. Les poissons qui habitent les côtes de l'Europe et de l'Afrique ne se rencontrent pas sur celles de l'Amérique, et réciproquement. Ceux qu'on voit dans les parages du Nouveau-Monde ne se retrouvent plus dans les mers de la Chine et de la Nouvelle-Hollande, et *vice versâ*. En un mot, les plus gros poissons, pas plus que les cétacés les plus monstrueux, ne traversent jamais, ni l'Atlantique, ni le Grand-Océan. Donc les habitants libres des eaux, de même que les animaux terrestres, ne sauraient se passer non

plus, bien qu'indirectement sans doute, de la terre
ferme pour subsister, soit qu'ils se nourrissent
d'autres poissons, soit qu'ils vivent de mollusques,
de crustacés, de vers, ou simplement de substances végétales.

Un des caractères des planètes, tant primaires
que secondaires, et qui explique fort bien la
fixité de leur sol, est de n'avoir qu'une très-faible
excentricité, d'où résultent des orbites presque
circulaires. Rigoureusement et astronomiquement
parlant, ces orbites sont des ellipses; mais ce
sont des ellipses qui se rapprochent tellement de la
figure circulaire, que dans aucun temps de leurs
révolutions, ces astres ne sont, ni beaucoup plus
près, ni beaucoup plus loin du Soleil, dont le
rayonnement calorifique, toujours sensiblement le
même à leur égard, ne saurait par conséquent
acquérir l'intensité qui lui serait nécessaire pour
les obliger à changer d'état, c'est-à-dire pour
les forcer à se liquéfier ou à se volatiliser. En sa
qualité de planète, la Terre possède le même
avantage; elle se meut dans une courbe elliptique
voisine du cercle, ce qui permet à son sol de demeurer constamment à l'état solide. Or, si les
animaux et les végétaux ont pu apparaître sur ce

globe et le peupler en tous sens, ce n'est donc pas en vertu d'un privilége exclusif, puisqu'elle partage ce privilége prétendu avec toutes les autres planètes. Il ne saurait y avoir là de cause finale à invoquer, de prédestination à supposer : le peu d'excentricité de la Terre et des planètes étant une des conditions *sine quibus non* de l'existence des êtres organisés à leurs surfaces, puisque c'est cette condition qui en assure la stabilité du sol.

§ 6.

Le cas des comètes est tout différent : ici les excentricités sont très-considérables, les orbites elliptiques très-allongées, par suite les distances au Soleil très-variables ; ce qui fait que la constitution physique des comètes est soumise, dans le cours de chaque révolution autour de ce grand foyer de chaleur et de lumière, à des changements d'état extrêmes, incompatibles avec toute espèce d'existence. C'est ce que nous démontrerons plus amplement quand il en sera temps.

§ 7.

Avant de quitter la question relative à l'état de permanence que doit présenter la constitution d'un astre pour qu'il puisse servir de demeure à des êtres vivants, il nous reste à examiner rapidement les circonstances dans lesquelles se trouvent les Nébuleuses à cet égard. Voici tout le problème : La vie est-elle possible dans des astres naissants, dans des astres qui ne sont encore qu'à l'état de simples nébulosités, de simples brouillards, c'est-à-dire dans des masses de matière cosmique encore peu condensée?

Nous savons qu'on a annoncé que des matières gélatineuses, membraneuses, et mêmes pileuses, étaient tombées à diverses époques de notre atmosphère.

Nous savons qu'on a dit aussi qu'une matière organique végétale, provenant d'une poudre présumée météorique, avait été recueillie à Sienne, le 16 mais 1830, et analysée par le professeur Giuli [1].

[1] Ces faits étranges ont été rapportés, discutés et jugés avec la sévérité qu'ils méritent, par mon savant ami

Il faut convenir que ces affirmations sont par trop hasardées pour que des esprits sages se décident à accepter avec confiance ces échantillons merveilleux de zoologie et de botanique célestes. Aussi croyons-nous qu'il est très-permis d'en douter et même de les rejeter entièrement.

Nous ne saurions pas accorder davantage que les nébulosités, que les barbes, que les chevelures, que les queues des comètes, ni qu'aucun amas de matière diffuse, puissent offrir des milieux convenables à des manifestations vitales quelconques, réduites même à leurs plus simples expressions.

M. Angelot, dans son beau Mémoire intitulé : *Des conséquences de l'Attraction relativement à la température du globe terrestre, des corps célestes et des espaces, et à la composition de ces mêmes corps*, lu à la Société géologique de France dans sa séance du 17 février 1840, et inséré dans son Bulletin, tom. XI, p. 136.

ARTICLE II.

De la nature des milieux.

Mais revenons aux astres dont l'aptitude à être habités ne paraît contredite jusqu'à présent par aucun fait scientifique. Si le Soleil et les étoiles, si les planètes et les satellites sont habitables, ce ne peut être qu'à la condition de réunir à leurs surfaces tous les matériaux indispensables à la vie. Entre toutes ces nécessités, l'eau assurément en est une des plus obligées, l'air également, et les recherches propres à déterminer la présence ou l'absence de ces agents physiques dans les corps célestes doivent entrer en première ligne dans les diverses considérations qui ont pour objet les conjectures qui nous occupent.

§ 8.

L'eau fait partie de presque tous les tissus ani-maux et végétaux. A elle seule elle constitue l'éément dominant de tous les liquides qui circulent dans les vaisseaux de l'économie ou qui se rassemblent dans plusieurs de ses cavités. Ce liquide sert de boisson à l'homme et aux animaux; les plantes non plus ne sauraient s'en passer. Ainsi donc, sans eau, point d'agrégations organiques, point de manifestations actives, point d'existence, point de vie possible dans l'un ni dans l'autre règne qui se partagent la nature organisée.

Les globes qui constituent le Soleil et les étoiles sont-ils pourvus d'eau? — Nous l'ignorons complétement.

Sommes-nous plus instruits en ce qui concerne à cet égard les planètes et les satellites? — Peut-être! — Au surplus, examinons :

Si l'on considère que Mars et Saturne présentent à leurs pôles de rotation, comme la Terre aux siens, des taches blanches qui s'étendent, s'agrandissent durant les hivers de chaque hémisphère de ces planètes, pour se rétrécir ensuite, diminuer et se fondre, en partie du moins, pendant leurs étés; si, disons-nous, l'on remarque ces changements alternatifs toujours en rapport avec la position des pôles aux deux saisons extrêmes, on comprendra que nous ne pouvons qu'assimiler ces taches à nos glaces et neiges polaires qui, vues de loin, doivent offrir tout à fait le même aspect. Or, si cette analogie est fondée, comme tout porte à le croire, la reconnaissance de l'eau dans Mars et dans Saturne en devient la conséquence inévitable.

Mais l'eau existe-t-elle aussi dans les autres planètes? — L'analogie encore va nous mettre sur la voie de cette présomption, au moins pour Jupiter et encore pour Saturne, dont les bandes ou zones semblent formées par des masses nuageuses qu'entraînent les vents alisés de ces autres mondes.

§ 9.

La question des atmosphères, que nous allons aborder dans un instant, nous fournira un expédient excellent, quoique indirect, pour constater la présence ou l'absence de l'eau dans un astre. C'est ainsi que, d'après les données relatives au défaut d'air, nous pourrons avancer avec certitude, que les planètes dépourvues d'atmosphère sont nécessairement privées de collections aqueuses, attendu que sans une force atmosphérique comprimante il ne saurait y avoir d'eau liquide, ni même solide, à la surface d'aucun astre. La Lune et Vesta sont certainement dans ce cas; et peut-être aussi Mercure, s'il est vrai que son atmosphère soit douteuse ou insensible comme les observations de W. Herschel tendent à l'établir. Mais l'eau constituant un des agents physiques les plus essentiels à l'existence, il devient manifeste qu'il faut renoncer forcément à toute idée de doter ces arides planètes d'aucun être doué de vie, même de la vie si simple des végétaux rudimentaires.

Maintenant empressons-nous d'ajouter, pour prévenir toute conséquence erronée au sujet de la coïncidence du manque d'eau avec le manque d'atmosphère, qu'il ne faudrait pas, d'après ce fait, se croire en droit de conclure à la proposition inverse, c'est-à-dire à la simultanéité constante de l'air et des masses liquides, car une planète peut très-bien posséder une enveloppe aériforme, même très-considérable, et être totalement déshéritée de mers, de lacs, d'étangs et autres amas d'eau. Il est donc bien entendu que toute planète privée d'atmosphère n'a pas non plus de couches liquides à sa surface; car, si un seul instant il pouvait y en exister qui ne fussent pas comprimées, elles se vaporiseraient tout aussitôt, de manière à constituer à la planète une enveloppe de vapeurs aqueuses en quantité suffisante pour s'opposer efficacement par leur poids à l'évaporation du reste du liquide.

§ 10.

Indépendamment de la méthode indirecte dont nous venons de parler, et à l'aide de laquelle nous avons fait voir que l'on pouvait s'assurer de l'absence des mers, lacs, etc., à la surface des planètes sans atmosphère, la science possède un moyen direct de faire cette vérification ou constatation avec un nouveau degré de certitude. La preuve de l'existence ou de la non-existence des eaux dans une planète peut s'obtenir, en effet, par l'intervention de nos connaissances relatives aux propriétés par lesquelles la lumière polarisée se distingue de la lumière naturelle; propriétés qui se manifestent dans diverses circonstances optiques, et en particulier quand on vient à faire réfléchir un rayon lumineux sous certaines incidences, sur une surface polie, comme un miroir de verre, ·

une plaque métallique unie, une nappe liquide, etc.
Ainsi, par les propriétés qu'ont les masses liquides
et les corps polis de polariser la lumière sous un
certain angle spécial, qui, pour l'eau, est de
37° 15', il devient possible de découvrir quelles
sont celles des planètes qui contiennent des lacs
ou des mers, et, par la non-polarisation, celles
qui n'en ont pas. L'application de cette méthode
à notre satellite a prouvé à M. Arago que la lumière que nous en recevons n'était jamais polarisée, quoique l'angle de réflexion dût nécessairement varier à tous les degrés dans le cours de
la révolution mensuelle de l'astre. D'où le savant
astronome conclut, avec juste raison, qu'il n'existe
pas d'eau dans la Lune [1].

§ 11.

Quant aux comètes, nous les avons déclarées
inhabitables et conséquemment inhabitées (et
nous en avons dit les motifs) ; nous n'avons
donc pas à nous enquérir si l'eau fait partie de
leur constitution, si elle en est un des éléments,

[1] Voyez les Comptes-rendus de l'Académie des Sciences.

ni sous quels états elle peut s'y trouver. Et alors
même que nous le saurions, nous n'en serions
guère plus avancés, au moins pour l'objet que
nous avons en vue, attendu que les énormes et
prodigieux changements qu'éprouve la constitution physique de ces astres s'opposent radicalement à ce qu'ils deviennent le séjour d'organisations capables d'y vivre et d'y prospérer.

§ 12.

La méthode générale pour résoudre le curieux
problème des atmosphères célestes, consiste,
pratiquement parlant, à observer avec soin l'occultation d'une étoile par tel ou tel astre opaque,
dont il s'agit de fixer la condition par rapport à
la question proposée. Obligés que nous sommes
à ne pouvoir contempler le ciel qu'au travers du
voile gazeux qui nous entoure de toutes parts,
nous nous trouvons placés, par l'effet de la déviation ou réfraction que subissent les rayons
lumineux avant d'arriver jusqu'à nous, de manière à ne voir les astres, dans leur position véritable, que dans une seule direction, celle du

zénith ; dans toutes autres, au contraire, c'est précisément là où ils ne sont pas qu'ils nous apparaissent nécessairement. L'action constante de la réfraction atmosphérique étant d'élever l'astre au-dessus du point qu'il occupe en réalité, nous donne une explication satisfaisante de la raison qui nous fait apercevoir le Soleil, la Lune et tous les corps célestes qui se lèvent et se couchent pour un lieu déterminé, déjà parvenus au-dessus de l'horizon un peu avant qu'ils ne l'aient atteint réellement, et encore demeurés au-dessus quelque temps après qu'ils l'ont géométriquement dépassé. Un phénomène tout semblable s'offre à considérer lors de l'occultation d'une étoile par l'interposition, entre elle et nous, d'une planète en possession d'une couche atmosphérique enveloppante. L'action réfringente de ce milieu aériforme, dans lequel la planète est plongée, a pour résultat, en déviant le rayon stellaire, de retarder le commencement de l'occultation et d'accélérer sa fin, comme nous venons de le dire pour les couchers et les levers du Soleil, de la Lune, etc. Évidemment ces effets ne sauraient avoir lieu si la planète manquait d'enveloppe gazeuse capable de dévier sensiblement la lumière tangentielle de l'étoile. Tout se réduit donc à une comparaison exacte du temps écoulé durant l'occultation apparente ou observée, avec celui calculé pour l'accomplissement de l'occultation réelle ou astronomique. La durée de la première, c'est-à-dire de l'occultation visible, est-elle égale à celle de l'occultation déterminée mathématiquement? On en conclut que l'astre considéré n'a pas d'atmosphère appréciable. Dans le cas contraire, l'existence d'un milieu réfringent autour de l'astre ne laisse aucun doute, puisque l'inégalité de durée des deux occultations nous avertit et nous prouve que la lumière est déviée par l'action de l'atmosphère du corps interposé.

Mais il y a plus, c'est que le même genre d'observation peut encore nous conduire à la possibilité d'estimer, avec un certain degré de précision, l'étendue effective de l'enveloppe gazeuse proposée. L'étude minutieuse des phénomènes au début et à la fin de l'occultation nous en donnera, en effet, les moyens, si l'on fait attention qu'en vertu de la densité croissante des couches aériformes à mesure qu'elles sont plus voisines du corps même de la planète, la déviation doit être d'autant plus forte que la direction du rayon lu-

mineux est plus près d'être tangentielle à la surface de l'astre, et réciproquement d'autant plus
faible que cette direction s'en écarte davantage,
et nulle enfin aux limites mêmes de l'enveloppe
réfringente, circonstance dernière propre à nous
permettre d'évaluer, sans erreur trop considérable, la hauteur atmosphérique cherchée.

Un mot maintenant pour ceux qui seraient
tentés d'interpréter d'une manière trop absolue
certaine assertion de la science ; comme, par
exemple, lorsque les astronomes déclarent que
telle ou telle planète manque d'atmosphère. Or,
remarquez bien que cela ne signifie pas qu'elle
n'en ait pas du tout, mais seulement qu'elle
n'en possède pas qui soit susceptible de dévier
sensiblement la lumière ; ce qui revient à dire
qu'on est certain que le vide, autour de la planète, est au moins égal à celui que laisse la
très-petite portion d'air qui reste toujours dans
nos meilleures machines pneumatiques, quand il
a été épuisé aussi complétement que possible.

§ 13.

Après avoir indiqué l'ingénieux procédé à l'aide duquel on est arrivé à la connaissance et à la détermination des atmosphères planétaires, il nous reste à exposer les résultats obtenus envers chacun des astres qu'on a pu explorer.

§ 14. MERCURE.

La difficulté d'observer Mercure, presque toujours plongé dans les feux du Soleil, fait que les astronomes diffèrent considérablement entre eux de sentiments, au sujet de l'existence et de l'étendue de son atmosphère. Tandis que quelques-uns, comme M. Quetelet, de Bruxelles, pensent qu'on a des raisons suffisantes de croire cette planète enveloppée d'une atmosphère très-dense ; d'autres, avec Herschel père, sont d'un avis tout opposé. Pour eux, cette prétendue atmosphère n'existe réellement pas, ou du moins est tout à fait insaisissable, vu qu'elle échappe aux moyens les plus délicats d'investigation mis en usage pour arriver à sa constatation.

§ 15. VÉNUS.

On est généralement d'accord à l'égard de l'atmosphère de Vénus, qui, d'après Schroëter, exerce, sur la lumière stellaire, une réfraction horizontale de plus d'un demi-degré. Mais, de ce fait dûment constaté pour Vénus, et de ce que la déviation du rayon lumineux est aussi un peu supérieure à un demi-degré, à l'horizon, dans notre atmosphère terrestre, quelques personnes se sont crues autorisées à en inférer l'identité parfaite des deux atmosphères. C'est à tort, très-certainement ; car il est manifeste que cette égalité de réfraction ne peut être invoquée, avec certitude, comme preuve de la similitude absolue de composition chimique des deux milieux respectifs, ni même, sous le rapport purement physique, comme propre à démontrer, sans réplique, l'égalité de leurs densités, pesanteurs, etc. ; ce qui pourtant aurait été indispensable, mais impossible il est vrai, à établir, avant de s'aventurer à annoncer cette douteuse ressemblance.

§ 16. LA TERRE.

L'atmosphère de la Terre est nécessairement celle que nous connaissons le mieux, attendu que c'est dans son sein que nous prenons naissance et qu'il nous est donné de vivre et de consumer notre existence. Comme la nature de ce travail n'exige pas que nous entrions dans aucun des détails qu'on trouve d'ailleurs si abondamment dans tous les traités de physique, nous nous bornerons à rappeler seulement, et en quelque sorte pour mémoire, les propriétés principales de ce fluide considéré en masse.

L'air atmosphérique est azuré, transparent, inodore, insipide, pesant, élastique, compressible et extrêmement mobile. Il est composé de 0,21 d'oxygène, de 0,79 d'azote [1], de quelques traces d'acide carbonique, de vapeur d'eau, et mêlé à diverses exhalaisons et poussières qui s'élèvent du sol. Sa densité n'est pas la même à toutes les hauteurs : plus considérable près de la surface de la Terre, elle décroît ensuite avec l'élévation, suivant

[1] Plus exactement, d'après M. Dumas, de : oxygène 0,208, et azote 0,792.

une loi assez compliquée et encore mal connue.

L'air forme, autour de notre globe, une couche d'une épaisseur limitée et dont l'étendue ne paraît pas devoir dépasser 46 kilomètres [1], si même elle atteint jusque-là; car ce n'est qu'une limite supérieure qui, d'après M. Biot, doit être abaissée à 43 kilomètres et peut-être encore au-dessous. Mais, en s'en tenant à ce nombre de 43 kilomètres, on trouve que l'élévation totale de l'atmosphère, comparée à la grandeur du rayon moyen de la Terre, est dans le rapport de 1 à 148; d'où l'on voit combien l'épaisseur de cette couche aérienne est minime en proportion de l'étendue du rayon terrestre. Il en est de même généralement pour les autres planètes, à l'exception toutefois des quatre petites planètes, découvertes au commencement de ce siècle entre Mars et Jupiter, dont l'une manque totalement d'atmosphère et dont les trois autres au contraire en ont de prodigieusement développées. Quant à la nouvelle planète de la même famille, Astrée, reconnue le 8 décembre dernier [2] par M. Hencke, de Driessen, on ne sait rien encore, ni de positif,

---

[1] Environ onze lieues et demie de poste.

[2] En 1845.

ni de négatif à son sujet, touchant le point en question.

De toutes les propriétés de l'air, celles qui nous intéressent le plus, au point de vue de nos études actuelles, ce sont : sa pesanteur et sa respirabilité, que nous devons mentionner ici en particulier.

La pression qu'exerce l'atmosphère sur tous les corps terrestres, est la même dans tous les sens, de haut en bas, de bas en haut, et latéralement. Elle est fort considérable et presque exactement d'un kilogramme pour chaque centimètre carré de surface; c'est ainsi que la pression, supportée par un homme de taille moyenne, peut être évaluée à 1,600 myriagrammes[1]. Or, si tout ce qui respire, si l'homme, les animaux et les plantes, ne sont pas brisés, écrasés sous un pareil poids, c'est que cette énorme pression extérieure est contrebalancée par la réaction ou ressort des fluides élastiques contenus dans les cavités et vaisseaux intérieurs des organes vivants. Vient-on à supprimer, ou seulement à diminuer cette pression, comme on le fait, par exemple, par l'ap-

____

[1] Ou environ 33,000 livres, anciens poids.

plication des ventouses, l'équilibre est rompu, la peau se gonfle, rougit, se couvre de phlyctènes; et il est hors de doute que si une action analogue, même modérée, était exercée sur une grande étendue de la surface du corps, il en résulterait des accidents qui deviendraient rapidement mortels.

On connaît aussi les effets de la raréfaction de l'air quand on place un petit animal sous le récipient de la machine pneumatique. Lorsque l'on pompe peu à peu ce fluide, l'animal éprouve d'abord de l'inquiétude, de l'agitation; sa respiration s'accélère; il tombe, se débat agité de mouvements convulsifs, devient emphysémateux, a des déjections involontaires, assez souvent des hémorrhagies, et finit par mourir bien avant que le vide soit parfait ou presque parfait. Il est quelquefois possible de le rappeler à la vie; mais la mort est presque toujours absolue et très-prompte, si l'on fait le vide avec rapidité. Dans cette dernière circonstance, la mort survient que la pression de l'air raréfié soutient encore une colonne de mercure de 0^m 32; tandis que lorsque le vide s'opère graduellement, l'animal vit encore à une pression de 0^m 16, et même de 0^m 13 seulement.

Perrier, en répétant, sur le Puy-de-Dôme, les expériences de Toricelli et de Paschal, a rendu évidente la diminution de la pression atmosphérique à mesure qu'on monte dans les régions élevées de l'enveloppe gazeuse de la Terre; il a vu, en effet, la colonne de mercure du tube barométrique descendre d'autant plus qu'il s'élevait, et s'élever d'autant plus qu'il descendait. Or, sur la cime des hautes montagnes et dans les ascensions aérostatiques, il est clair que l'homme, soumis à une raréfaction de l'air plus ou moins grande, est placé dans des circonstances qui ont quelque ressemblance avec celles où se trouve l'animal dans la machine du vide. On peut se convaincre de cette assertion en lisant la relation du voyage de Saussure et de celui tout récent de MM. Bravais, Lepileur et Martins au sommet du Mont-Blanc, celle de la course encore plus pénible de M. de Humboldt, dans les Cordilières, sur le faîte du Chimboraço, ainsi que les détails de la dernière ascension aérostatique de M. Gay-Lussac, qui s'éleva à 6,900 mètres [1] au-dessus du niveau de la mer. Il est digne de remarque que

[1] Près d'une lieue et trois quarts.

les phénomènes de la raréfaction de l'air s'observent beaucoup plus tôt quand on gravit une montagne escarpée que lorsqu'on s'élève dans un aérostat. Dans le premier cas, l'effet que produit la diminution de la densité et de la pression de l'atmosphère, se complique avec celui de la fatigue et de l'impression d'un terrain gelé, couvert de neige, souvent hérissé de pics, et entr'ouvert à chaque pas d'abîmes effrayants. Dans un ballon, au contraire, le froid, toujours moins vif, à hauteurs égales, que sur une montagne, est la seule de ces dernières influences qui frappe le voyageur : aussi M. Gay-Lussac est-il celui qui a atteint les régions les plus élevées de l'atmosphère sans éprouver autre chose qu'une accélération du pouls et de la respiration.

L'air ne peut servir à la respiration et à l'entretien de l'hématose qu'autant qu'il renferme une certaine proportion d'oxygène, que nous avons dit être constamment de 24 parties sur 100 dans notre atmosphère. Néanmoins il paraît que cette proportion pourrait varier quelque peu, soit en plus, soit en moins, sans nuire essentiellement à notre existence. Mais on conçoit qu'une atmosphère qui présenterait une quantité relative beaucoup plus ou beaucoup moins considérable d'air vital, serait mortelle pour l'homme et pour la plupart des animaux. Dans la première supposition, les organes respiratoires, trop vivement excités, seraient bientôt pris d'une fatale inflammation; tandis que, dans le second cas, l'insuffisance de l'oxygène, ne pouvant fournir qu'à une hématose incomplète, amènerait la mort par asphyxie.

En résumé donc, notre économie est ainsi constituée qu'encore même que toutes les autres conditions vitales seraient conservées, notre existence sur la terre serait impossible sans la pesanteur de l'air et sans son action oxygénante du sang.

§ 17. SATELLITE DE LA TERRE.

Autrefois on donnait des habitants à la Lune; Hévelius les appelait *Selenitæ*. Mais aujourd'hui qu'on s'est convaincu que notre satellite était doublement privé d'air et d'eau, il a bien fallu se décider à supprimer les soi-disant Sélénites. Cependant un certain géomètre allemand, dont nous avons oublié le nom [1], désespérant d'arriver à des grossissements de lunettes assez puissants pour être en état de reconnaître *de visu* ce qu'il en était, conçut le singulier projet d'intriguer les savants de ce pays, en leur proposant divers problèmes. Peu lui importait, d'ailleurs, que la Lune fût habitée ou non, si ses habitants, semblables aux brutes ou encore trop peu avancés en civilisation, étaient incapables de nous comprendre. Ce n'était donc qu'aux esprits cultivés de ce pays qu'il en voulait et avec lesquels il souhaitait vivement faire connaissance.

Pour réaliser son dessein, il proposait d'envoyer, dans les vastes steppes de la Sibérie, une commission scientifique dont les membres seraient munis de miroirs métalliques de grande dimension et disposés de manière à leur faire réfléchir des images du soleil sur le globe de la Lune, à l'imitation des enfants qui, en jouant dans les rues, s'amusent, au moyen de fragments de glaces étamées, à jeter, dans les yeux des passants qui ne s'y attendent pas, la lumière éblouissante de cet astre. Mais, afin de ne laisser au-

---

[1] Anecdote recueillie au Cours d'Astronomie professé par M. Arago à l'Observatoire de Paris.

cune incertitude à ses correspondants de la Lune, sur les phénomènes. dont ils seraient témoins, notre savant voulait qu'on ne leur présentât que des figures simples et régulières de la géométrie, comme, par exemple, un triangle, un quadrilatère, un pentagone, etc., dont chaque angle serait marqué par une image du Soleil.

Il demandait, en outre, que ces figures élémentaires fussent suffisamment grandes et demeurassent en place pendant un certain temps, comme huit, dix ou douze jours, afin que les physiciens de la Lune, qui viendraient à les apercevoir vers le pôle-nord de la Terre, pussent en informer le public de chez eux et deviner, sans beaucoup de peine, que ces mystérieuses figures, à raison même de leur régularité et de leur état stationnaire durant un temps déterminé, ne pouvaient pas être l'effet du hasard, mais bien plutôt celui de quelque industrie des habitants de notre globe.

Ainsi provoqués à nous donner de leurs nouvelles et ayant reconnu que la Terre était peuplée de gens assez instruits pour leur poser des questions et résoudre celles qu'il leur plairait de nous adresser, les académiciens de la Lune, d'après notre géomètre, devaient s'empresser, à leur tour, de répondre à nos problèmes par des problèmes analogues ou semblables.

C'est à l'aide de cet artifice que notre curieux allemand espérait découvrir s'il existait des êtres intelligents dans la Lune. Inutile d'ajouter qu'une idée aussi bizarre, véritable folie scientifique, n'a jamais reçu d'exécution.

§ 18. MARS.

Il n'est pas douteux que cette planète ne soit en possession d'une enveloppe vaporeuse, nous ne disons pas aérienne, car nous ne pouvons rien savoir de sa nature, pas plus, au reste, qu'envers toutes les autres atmosphères célestes. Cependant il est présumable que, quant à Mars, son atmosphère doit être, en tout ou en partie, constituée par de la vapeur d'eau, s'il est bien vrai que les taches polaires de cette planète soient dues à des amas de neige ou de glaces. Les vapeurs abondantes que ces taches donnent, quand tel ou tel pôle de Mars vient à se présenter au Soleil, ne sauraient manquer d'entretenir, autour de la planète, une sorte d'atmosphère de même nature qu'elles. Il en doit être pareillement à l'égard de

Saturne, ainsi que nous le ferons remarquer en son lieu.

§ 19. PLANÈTES TÉLESCOPIQUES.

Elles sont aujourd'hui au nombre de cinq : Vesta est la plus voisine du Soleil; vient ensuite Astrée, tout récemment découverte, et après elle Junon, Cérès et Pallas.

L'exploration la plus délicate de ces petits astres, auxquels Herschel croyait pouvoir refuser le nom de *Planètes* à raison de l'exiguïté de leurs volumes, donne pour résultats, sous le rapport atmosphérique :

VESTA. — Point d'atmosphère appréciable.

ASTRÉE. — Observée depuis trop peu de temps; nous ignorons si elle a ou n'a pas d'atmosphère.

JUNON. — Atmosphère très-développée.

CÉRÈS. — Atmosphère plus considérable que que la précédente.

PALLAS. — Atmosphère immense, la plus étendue de toutes; elle donne à la planète un aspect qui a quelque chose de sombre et de nébuleux. On estime que cette atmosphère s'étend, autour de Pallas, au delà de 12 fois la valeur du rayon

de l'astre ; ce qui donne environ 80 myriamètres [1] d'épaisseur à l'enveloppe gazeuse de cette
très-petite planète. Une atmosphère aussi prodigieusement développée pour un astre dont le
diamètre n'est que la centième partie de celui de
la Terre, doit paraître une sorte de monstruosité
ou d'anomalie, si l'on n'oublie pas ce que nous
avons dit plus haut du peu d'étendue des atmosphères de la Terre et des autres planètes.
Tandis que celles-ci n'atteignent qu'à des distances qui ne sont jamais que de très-minimes
fractions de leurs rayons respectifs, on voit les
autres prendre un développement tel que le rayon
de l'astre disparaît, pour ainsi dire, au milieu de
ces immenses nébulosités que la faible attraction
de si petites masses ne peut empêcher de se di-
later outre mesure.

Nous ne terminerons pas ce paragraphe sans
faire observer que des quatre anciens astéroïdes,
comme les appelait l'illustre astronome de Slough [2],
un seul étant privé d'enveloppe gazeuse ambiante, ce serait peut-être là un motif de rejeter
l'opinion du docteur Olbers touchant l'origine

[1] Ou 200 lieues métriques.
[2] W. Herschel.

supposée de ces petites planètes, qu'il regardait comme des fragments d'une plus grosse qu'une explosion volçanique aurait fait voler en éclats. On ne voit pas, en effet, dans cette conjecture, pourquoi Vesta n'aurait pas participé, avec Junon, Cérès et Pallas, au partage plus ou moins inégal de l'atmosphère primitive.

§ 20. JUPITER ET SES SATELLITES.

Une couche gazeuse, au sein de laquelle flottent des nuages comme dans notre atmosphère terrestre, enveloppe le colossal Jupiter. Il paraît que c'est à ces nuages et aux intervalles qu'ils laissent entre eux qu'il faut attribuer définitivement les bandes ou zones parallèles que nous voyons sur le disque de la planète. Emportés par des courants analogues à ceux de nos vents alisés, mais beaucoup plus rapides en vertu de l'excessive vitesse de rotation de l'astre, ces taches subissent diverses déformations; elles se rétrécissent, s'allongent, s'épanouissent pour se reformer ensuite dans d'autres points, à l'instar des masses de vapeurs suspendues dans notre propre atmosphère.

On est aussi assez disposé à accorder des atmosphères aux quatre satellites de Jupiter, surtout au quatrième, dont l'aspect habituellement
sombre et les apparences quelquefois orangées,
d'autres fois rougeâtres, ont paru à W. Herschel des signes assurés d'une atmosphère considérable.

§ 21. SATURNE ET SES SATELLITES.

L'opinion qui reconnaît une enveloppe aériforme à cette imposante planète, reçoit une très-
grande probabilité des changements qui s'opèrent
perpétuellement dans ses bandes, et aussi, mais
avec le temps, dans les taches blanches que nous
offrent ses pôles, alternativement exposés à l'action des rayons solaires, tous les quinze ans à peu
près.

La légère déviation qu'éprouve la lumière en
passant près du bord extérieur du double anneau
a fait conjecturer avec raison à W. Herschel
que cet anneau n'est pas non plus dépourvu d'un
certain milieu réfringent.

Quant à ses sept satellites globuleux, si petits

et si mal éclairés, il est évident qu'on ne peut rien avancer, ni pour, ni contre leurs atmosphères.

§ 22. URANUS ET SES SATELLITES.

Il en faut dire tout autant d'Uranus et de ses six satellites, dont l'immense distance rend toute appréciation de cette nature radicalement impossible. C'est à grand'peine même si l'on a pu constater qu'ils sont réellement; car, à part Herschel, qui les a découvert tous les six, les autres astronomes n'ont encore pu réussir à voir que le second et le quatrième; mais la bonne foi si honorable et si scrupuleuse dont le célèbre Hanovrien a fait preuve dans toutes ses recherches ne permet guère de douter de l'existence des quatre autres.

Plusieurs fois, dans ses patientes études télescopiques sur Uranus[1], W. Herschel crut apercevoir autour de cette lointaine planète deux anneaux placés perpendiculairement l'un à l'autre; mais, quelques années plus tard, il reconnut que cette

---

[1] Arago, Annuaire de 1842, p. 579.

apparence n'était qu'une illusion d'optique, et déclara formellement que les anneaux qu'il avait d'abord soupçonnés n'existaient véritablement pas.

§ 23. PLANÈTE LE VERRIER.

On a pareillement annoncé avoir reconnu un anneau et un satellite à la Planète de M. Le Verrier; mais, dans l'état actuel de nos instruments d'optique, l'extrême éloignement de cet astre [1] nous semble devoir rendre cette prétention tout à fait inadmissible. Par le même motif, nous sommes dans l'impossibilité la plus absolue de dire si elle est ou non en possession d'une enveloppe atmosphérique quelconque.

[1] Sa distance moyenne au Soleil est de 433,000,000 de myriamètres ou environ 1,200,000,000 de lieues de poste.

§ 24. RÉSUMÉ.

Concluons des faits que nous venons d'exposer que les astres dont le sol ne présente pas de stabilité fixe, qui manquent d'eau et d'air ou bien d'une seule de ces conditions biologiques essentielles, ne peuvent pas être habités, par l'excellente raison qu'ils ne sont pas habitables.

Disons que, quant aux planètes aquifères, toujours pourvues nécessairement d'enveloppes gazeuses plus ou moins remarquables, il ne faut pas trop nous hâter d'y mettre des habitants ; car qui peut nous garantir que ces atmosphères soient composées d'oxygène et d'azote, et dans des proportions convenables, comme l'est celle de la Terre ? L'existence d'un milieu de cette nature, c'est-à-dire respirable, ne constituerait encore là, d'ailleurs, qu'une des nombreuses conditions indispensables au développement des germes de la vie, à leur entretien et à leur transmission.

En somme, comme dans ces sortes de matières la négation est de beaucoup plus possible que l'affirmation, nous ajouterons que les conclusions négatives à l'égard des atmosphères sont, de toute nécessité et en rigueur, des négations d'habitants. Or, il nous est démontré que Vesta et la Lune sont privées d'eau et d'air : donc ni Vesta, ni la Lune ne peuvent être habitées.

Enfin, à raison de leurs fortes excentricités et des transformations radicales que leur constitution physique a à subir dans le cours de chacune de leurs révolutions, les Comètes non plus, comme nous l'avons prouvé déjà, ne sauraient recevoir d'êtres vivants, à moins qu'on ne renferme la durée de leur existence dans les limites de l'un quelconque de ces changements d'états.

DEUXIÈME SECTION.

Des conditions relatives à la température et à la lumière.

ARTICLE I.

De la température des Planètes et de leur illumination.

§ 25.

Le rang et les distances respectives des planètes au Soleil étant indispensables à se rappeler pour l'intelligence des considérations qui vont suivre, nous en donnerons ici le tableau en unités et fractions d'unité de la distance de la Terre. Cette distance, que les astronomes sont dans l'habitude de prendre pour terme de comparaison, est estimée en moyenne à 15 270 000 myriamètres [1]. Mais, afin de donner tout de suite un moyen de concevoir une pareille distance, qu'il nous soit permis de faire observer que, le diamètre moyen de la Terre étant de 1 273 myriamètres [2], il faudrait ranger les uns à côté des autres, et sur une même ligne, 12 000 globes comme celui sur lequel nous vivons, pour combler l'intervalle qui nous sépare du Soleil.

[1] Environ 38,000,000 de lieues de chacune 4 kilomètres.
[2] Ou autrement de 3,183 lieues métriques.

TABLEAU

DES DISTANCES RELATIVES DES PLANÈTES AU SOLEIL.

Le Soleil. . . . . 0 { Point de départ.

La distance de Mercure est de 0,387

— de Vénus. 0,723

— de la Terre. . . . 1,000 { Unité convenue.

— de Mars. 1,524

— de Vesta. 2,373

— d'Astrée. 2,574

— de Junon. 2,667

— de Cérès. 2,767

— de Pallas. 2,768

— de Jupiter. . . . 5,203

— de Saturne. . . . 9,539

— d'Uranus. 19,183

— de la Planète Le
Verrier. . . . 36,154

Voici ces mêmes nombres convertis en fractions ordinaires approchées, ce qui permettra de les retenir plus aisément :

Le Soleil. . . . . 0 { Point de départ.

La distance de Mercure est. . les 2/5 de celle de la terre.

— de Vénus. . . . . les 3/4.

— de la Terre. . . . 1 fois { Unité de conv.

— de Mars . . . . . 1 fois 1/2.

— de Vesta. . . . . 2 fois 1/3.

— d'Astrée. . . . . 2 fois 1/2.

— de Junon. . . . . 2 fois 2/3.

— de Cérès. . . . . } 2 fois 3/4.
— de Pallas. . . . .

— de Jupiter. . . . 5 fois 1/5.

— de Saturne. . . . 9 fois 1/2.

— d'Uranus. . . . . 19 fois 1/5.

— de la Planète Le Verrier. . . . 36 fois 3/20.

Remarquez que si, dans ce second tableau, nous indiquons pour Cérès et Pallas la même distance : **2** fois et **3/4**, c'est que la différence de distance qui existe réellement entre ces deux petites planètes n'est que de 0,001 de celle de la terre, ainsi qu'on le voit par notre premier tableau. Il ne faut pas toutefois prendre cette différence d'un millième pour une quantité tout à fait négligeable, car elle vaut 15 270 myriamètres [1] ou les deux cinquièmes de la distance de la Lune à la Terre.

§ 26.

Ces distances établies, cherchons, en y appliquant la loi connue de la chaleur et de la lumière, quelles sont les déductions qu'on en peut tirer pour l'illumination et la température des astres.

§ 27.

L'intensité de la chaleur est en raison inverse du carré des distances; c'est-à-dire qu'aux distances 2, 3, 4, 5, etc., la chaleur est 4 fois, 9 fois, 16 fois, 25 fois plus faible qu'à la distance 1.

---

[1] Ou environ 38,000 lieues.

La lumière suit la même loi.

Or, d'après l'ordre et les rapports des distances planétaires au Soleil, nous trouvons, en nombres ronds, que :

Mercure reçoit, en chaque point de sa surface, environ sept fois plus de chaleur et de lumière que la Terre ;

Vénus, deux fois plus ;

La Terre, une fois [1] (c'est le terme de comparaison.)

Mars, moitié moins ;

Les cinq Planètes télescopiques, considérées comme étant approximativement à une même distance, sept fois moins ;

---

[1] On pourra se faire une idée de cette quantité de chaleur, que nous prenons ici pour unité, par le résultat suivant auquel est arrivé un savant physicien :

« Si la quantité totale de chaleur, que la Terre reçoit du Soleil dans le cours d'une année, était uniformément répartie sur tous les points du globe, et qu'elle y fût employée, sans perte aucune, à fondre de la glace, elle serait capable de fondre une couche de glace qui envelopperait la Terre entière, et qui aurait une épaisseur de 30^m, 89, ou près de trente-un mètres. Telle est la simple expression de la quantité totale de chaleur que la Terre reçoit chaque année du Soleil. » (Pouillet, *Élements de Physique expérimentale et de météorologie*, 4ᵉ édit. tom. II, p. 604.)

Jupiter, vingt-sept fois moins ;

Saturne, quatre-vingt-dix fois moins ;

Uranus, trois cent soixante-cinq fois moins ;

La Planète Le Verrier, treize cents fois moins.

En sorte qu'en comparant entre eux les deux points extrêmes, on arrive à cette conséquence, savoir, que la quantité de chaleur et de lumière qui tombe sur Mercure est, toutes choses égales d'ailleurs, environ 8 100 fois aussi forte que celle qui parvient à la Planète Le Verrier. La distance de cette dernière au Soleil est plus de 90 fois celle de Mercure ; or, le carré de 90 est 8 100.

§ 28.

Mais avouons tout de suite que beaucoup de données nous manquent et nous manqueront très-vraisemblablement toujours pour nous mettre à même de pouvoir déterminer avec quelque peu de précision le degré de température propre à chaque astre. Et en effet, pour résoudre un problème aussi complexe, il nous faudrait connaître :

A. — Quelle est la nature des matériaux qui constituent le corps de l'astre ; car toutes les matières n'ont pas la même capacité pour la chaleur : il y a des substances qui l'absorbent en grande quantité, d'autres, au contraire, qui, comme le sel gemme, la laisse passer presque tout entière.

B. — Quelle est la configuration de la surface qui peut être unie ou couverte d'aspérités ; circonstances propres à faire varier notablement le pouvoir réfléchissant des corps. Il est clair que, si, par exemple, le globe planétaire réfléchissait la plus grande partie ou la totalité de la chaleur incidente, il ne s'échaufferait que peu ou point.

C. — Quelle est la couleur générale du sol ? Personne n'ignore, en effet, que le noir et les couleurs brunes ou foncées absorbent la chaleur, que le blanc, au contraire, et toutes les teintes pâles la réfléchissent. C'est, au reste, une observation que les jardiniers ont faite depuis longtemps, et qu'ils savent très-bien mettre à profit pour hâter la fonte des neiges dont est couverte la terre qu'ils veulent préparer à recevoir des semis. A cet effet, ils répandent sur la neige de la suie, ou bien y étendent une toile noire.

La neige nue réfléchissait les rayons calorifiques, restait gelée ou ne fondait qu'avec lenteur ;
une fois recouverte de substances noires, elle
absorbe ces rayons et se fond rapidement.

Enfin il est encore beaucoup d'autres circonstances dont il faudrait que nous fussions instruits
pour l'appréciation convenable d'une question de
cette nature.

D. — C'est ainsi, par exemple, que la présence ou l'absence d'une atmosphère ambiante,
en retenant ou laissant échapper la chaleur rayonnante, influera considérablement sur la température de l'astre.

E. — C'est encore ainsi que, dans le cas
d'une planète aquifère, l'évaporation continuelle
des eaux, mers, lacs, fleuves, etc., contribuera
plus ou moins, suivant l'étendue des masses liquides, l'action des vents, etc., à abaisser la
température de la surface.

F. — Ajoutons enfin que la température extérieure d'un astre devra être modifiée encore et
nécessairement, à moins d'équilibre survenu par le
degré actuel de sa chaleur intérieure ou d'origine ; car il nous est impossible de douter, vu la
figure plus ou moins aplatie que la rotation leur

a imprimée, qu'avant de s'être solidifiées, toutes nos planètes n'aient pas été dans un état de fusion ou de liquéfaction ignée.

§ 29.

En présence de ces difficultés, on comprendra aisément, ce nous semble, combien il serait téméraire aujourd'hui de prétendre à une estimation tant soit peu rigoureuse de la température des astres, même de ceux que nous croyons le mieux connaître.

Si donc, et nonobstant les observations que nous venons de présenter, on voulait absolument hasarder quelques considérations sur la température des corps célestes, du moins ne faudrait-il pas oublier qu'en s'y abandonnant ainsi, on fait forcément abstraction des modifications que les circonstances, pour la plupart inconnues, et dont nous venons de parler, doivent leur faire subir inévitablement.

Ainsi, pour rester autant que possible dans les étroites limites de la science positive tout en spéculant à ce sujet, sommes-nous dans la nécessité de nous en tenir uniquement à ce que nous apprend à cet égard la loi précitée du carré des distances.

En supposant donc que la constitution physique des planètes leur permette de s'échauffer et de retenir la chaleur à leur surface, comme il arrive pour le sol de la terre, défendu par son atmosphère nuageuse contre un rayonnement trop actif dans l'espace; en supposant donc cette similitude d'état, il n'est pas du tout vraisemblable que des êtres organisés comme nous le sommes, qu comme tout ce qui vit autour de nous, puissent exister commodément dans des mondes, les uns si voisins, les autres si éloignés du Soleil.

A raison de l'intensité de la chaleur solaire sur Mercure et sur Vénus, la majeure partie des animaux terrestres, l'homme compris, ne pourrait y vivre que sur des montagnes très-élevées, comme on est certain d'ailleurs qu'il s'en trouve en grand nombre dans ces deux planètes; en plaine, la chaleur doit y être insupportable et destructive de toute organisation analogue à la nôtre.

Dans Jupiter, dans Saturne et dans Uranus, dont les distances au Soleil sont si grandes, il n'est pas douteux qu'il serait impossible à des individus

de notre espèce d'y pouvoir subsister, si ce n'est
peut-être dans les régions les plus équatoriales de
Jupiter et sur ses basses terres, où l'on sait que
la chaleur est beaucoup plus forte qu'au sommet
des montagnes. Quant aux habitants de Saturne
et d'Uranus, il faut absolument qu'ils soient très-
différents de nous. C'est, au reste, ce qu'on peut
très-bien admettre, alors même que nous ne pouvons nous en faire aucune idée; car, si nous
n'eussions jamais connu aucun poisson, dit
M. Arago [1], qui est-ce qui se serait imaginé que
les eaux pussent être habitées par d'innombrables
populations, et même par les géants du règne
animal?

Enfin, et à raison de son prodigieux éloignement, il est clair que la Planète Le Verrier doit
être à cet égard dans des conditions biologiques
encore plus défavorables que Saturne et Uranus.

---

[1] Cours d'Astronomie de l'Observatoire de Paris.

§ 30.

Voyons maintenant pour la lumière.

La lumière, comme la chaleur, se propage en ligne droite, se réfléchit, se réfracte, etc., etc. De même aussi ses effets sont inversement proportionnels au carré des distances : d'où il suit tout naturellement qu'une planète est d'autant mieux éclairée (sauf l'absorption plus ou moins forte de lumière qui peut s'opérer dans son atmosphère si elle en a une) que sa distance au Soleil, élevée à la deuxième puissance, est moins grande. C'est ainsi que la lumière solaire est sept fois plus intense sur Mercure qu'elle ne l'est sur la Terre, deux fois plus sur Vénus, moitié moins sur Mars et sucessivement, toujours conformément à la loi précédente, commune à la lumière, au calorique, au fluide électrique, etc. Aussi ferons-nous remarquer, comme nous l'avons fait à l'occasion des températures, qu'entre la planète la plus rapprochée du Soleil et celle qui en est la plus éloignée, il existe l'énorme différence déjà signalée, c'est-à-dire qu'à raison de son extrême proximité de l'astre qui dispense la chaleur et la lumière à tout le système, l'illumination de Mercure l'emporte de 8 100 fois sur celle de la Planète Le Verrier.

Mais, d'une part, aveuglés par une lumière éblouissante, et, de l'autre, plongés dans une sorte de crépuscule assez sombre, comment des animaux plus ou moins semblables aux nôtres pourraient-ils y voir pour trouver leur pâture? Comment les organes de l'homme en particulier s'arrangeraient-ils d'un pareil état de choses, c'est-à-dire d'une lumière sept fois plus forte ou mille trois cents fois plus faible que celle qu'ils sont appelés à percevoir sur la terre? Comment, en un mot, concevoir le libre et complet exercice de la vision dans des planètes si disproportionnellement éclairées? L'évidence d'une telle impossibilité ne paraît pas contestable au premier abord; cependant, en y réfléchissant, on se convainc bientôt qu'aucune planète, même celle que uous venons de citer, ne présente de difficultés sérieuses à cet égard.

Puisque l'intensité de la lumière dans Mercure, disions-nous tout à l'heure, est sept fois aussi considérable qu'à la distance où nous sommes du Soleil, il pourra paraître suffisant, pour expliquer

la faculté visuelle des habitants de cette planète,
d'imaginer quelques légères modifications dans.
leur appareil oculaire. C'est pourquoi nous of-
frons aux amateurs en ce genre, impatients de
tout savoir, même ce qui ne peut être su, de re-
courir, à leur choix, à l'une quelconque des trois
ou quatre suppositions suivantes :

A. — Conjecturer, par exemple, que les
gens de Mercure aient des yeux dont la rétine
soit sept fois moins sensible que l'est la nôtre : auquel cas l'on comprend sans peine qu'ils ne doivent
pas être plus affectés par une lumière sept fois plus
éclatante que nous le sommes, nous, par celle
sept fois plus faible qui parvient à la Terre.

B. — Ou bien admettre que leur pupille, sept
fois plus petite, ne laisse pénétrer que sept fois
moins de rayons lumineux qu'il n'en entre dans
nos yeux ; ce qui permettrait à leur rétine de la
supporter aisément et de n'en point être incom-
modée.

C. — Ou bien encore, établir que les yeux
des habitants présumés de cet astre, outre deux
paupières horizontales, sont encore garantis, pro-
tégés, comme ceux des oiseaux, par une troisième
paupière intérieure, verticale, demi-transparente,

qu'ils puissent étendre en manière de rideau sur
leurs organes trop vivement excités durant le
jour.

D. — Ou bien enfin, supposer qu'à l'instar
de quelques-uns de nos animaux, de la *murœna
cœcilia*, des myxines et de quelques autres,
leurs globes oculaires soient entièrement recou-
verts par les téguments communs, passant au devant d'eux sans laisser apercevoir la plus petite
ouverture. Ces êtres disgraciés n'auraient évidemment rien à souffrir de la plus vive lumière, puisqu'ils auraient le malheur d'être nés aveugles.

§ 31.

Des hypothèses ou conjectures analogues,
quoique nécessairement inverses, vont nous aider
à rendre raison de la possibilité de voir distincte-
ment et très-nettement au sein des quasi-ténèbres
de la planète de M. Le Verrier.

Comme cet astre lointain ne reçoit du soleil
qu'une lumière excessivement affaiblie, la mille
trois centième partie environ de celle qui tombe
sur la terre, il faut, s'il y existe des êtres vivants

et pour qu'ils y puissent voir, supposer de deux choses l'une :

- *A.* — Ou que leur rétine soit mille trois cents fois plus excitable que la nôtre, afin d'être également impressionnée par la lumière;

B. — Ou que la dilatation de leur pupille soit mille trois cents fois plus considérable, afin de pouvoir donner passage à autant de rayons lumineux qu'il en pénètre au fond de nos yeux.

Or, qu'on veuille bien remarquer que la vraisemblance d'une sensibilité exquise de la rétine et d'une extrême dilatabilité de l'ouverture pupillaire, dont nous disons que peuvent être doués les tristes habitants de la Planète Le Verrier, pourraient bien ne pas être tout à fait une hypothèse en l'air, dénuée de fondement, sans analogie pressante. Car, sur le globe que nous habitons, nous observons des dispositions de cette nature dans nos chats domestiques, dans les hiboux, les chouettes, les effraies, chats-huants, ducs, chevêches et autres oiseaux nocturnes, dont la pupille est si largement ouverte que la lumière du jour les offusque et les empêche de bien voir. Cachés dans de sombres réduits tant que le soleil est sur l'horizon, ils n'en sortent que le soir pour poursuivre leur proie à la faveur de l'obscurité et du silence de la nuit.

Mais voici un exemple encore plus frappant peut-être de la prodigieuse sensibilité de la vue, tiré des circonstances biologiques dans lesquelles se trouvent certains poissons de mer. On sait que MM. Arago et Biot, encore bien jeunes [1], furent envoyés en Espagne à l'effet d'y prolonger l'arc du méridien qui avait été mesuré en France. Dans les petites traversées qu'ils eurent à effectuer entre la côte du royaume de Valence et la petite île de Formentera, où ils avaient établi des signaux de nuit, ces deux hommes, déjà éminents dans la science et que l'avenir devait placer si haut, ne pouvaient pas se condamner au rôle stérile de passagers oisifs : aussi firent-ils ces voyages comme des savants doivent toujours les faire, c'est-à-dire en mettant à profit les temps et les lieux et en les utilisant à éclairer quelques points des sciences. Dans ce but ils avaient descendu au fond de la mer, qui, dans ces parages, peut avoir un kilomètre [2] de profondeur, des boîtes à compression pour expérimenter la liquéfaction des

---

[1] En 1807 et 1808.

[2] Un quart de lieue de poste.

gaz. En dehors de ces appareils nos jeunes savants avaient attaché des hameçons, et avaient ramené à la surface des eaux des poissons qui s'y étaient pris. C'étaient, au rapport de M. Biot [1], des espèces de raies ayant des yeux d'une énorme grosseur, dont, en outre, la tête était armée de deux os très-durs articulés comme des baïonnettes de fusil, et qu'on aurait brisés plutôt que de forcer l'animal à les rentrer contre sa propre volonté. Avec le secours d'organes oculaires aussi monstrueux, ces poissons peuvent trouver à vivre dans les ténèbres les plus épaisses et telles que n'en présente jamais la plus profonde nuit à la surface de la terre.

Si donc ces animaux peuvent ainsi exister sur notre planète avec aussi peu de lumière, quelle difficulté verrait-on à ce qu'il en pût être de même de l'organisation générale des habitants possibles de la Planète Le Verrier? Relégué aux confins actuels de notre système planétaire, cet astre est mal éclairé sans aucun doute, mais assez cependant pour que des êtres vivants, doués d'organes de cette sorte, puissent y fort bien voir.

---

[1] Cours de Physique professé à la Sorbonne par M. Biot.

§ 32.

Deux mots à présent au sujet de la vivacité constante de la lumière des astres, quelle que soit leur distance.

Si, par une belle nuit, alors que l'air est pur et le ciel serein, vous regardez Jupiter à l'œil nu [1], vous lui trouvez un éclat qui l'emporte sur celui de toutes les étoiles, et qui n'est surpassé, parmi les planètes, que par l'aspect si brillant que nous offre Vénus dans certains points de son orbite. Mais si, après avoir dirigé une lunette sur le globe de Jupiter, vous venez à comparer la pâleur de sa lumière actuelle avec les feux qu'il paraissait jeter l'instant d'auparavant à la vue simple, vous êtes surpris de ce changement subit, et qui se reproduit chaque fois que vous quittez la lunette pour regarder à l'œil nu et que vous y appliquez l'œil de nouveau. Cependant vous ne tardez pas à comprendre que cette différence d'éclat n'est pas réelle, qu'elle n'est qu'accidentelle et dépendante des conditions mêmes de l'observation.

[1] M. Arago. Cours d'Astronomie de l'Observatoire.

Lorsque vous ne vous servez pas de l'instrument, vous voyez toute la lumière que l'astre nous réfléchit concentrée sur un très-petit disque; elle vous paraît étincelante. Quand, au contraire, vous armez votre vue de verres lenticulaires, le pouvoir amplificatif de ces verres, en élargissant le disque apparent de la planète, en dissémine la lumière, l'éparpille sur une plus grande surface, l'affaiblit par conséquent; et voilà tout. L'effet est le même pour le Soleil, et à tel point que, si le grossissement est très-fort, vous ne distinguez absolument plus rien. C'est ainsi que M. Arago, ayant voulu faire usage, pour l'étude physique du Soleil, de lunettes qui grossissent 6,000 fois, a bientôt été obligé d'y renoncer. Le prodigieux grossissement de ces instruments ne lui permettait d'apercevoir qu'une lumière blanchâtre uniforme, de façon que l'habile astronome doutait parfois que sa lunette fût bien véritablement dans l'alignement de ce grand foyer de lumière et de chaleur.

La grandeur apparente d'un corps varie en raison inverse des simples distances lorsque vous ne considérez qu'une seule de ses dimensions, par exemple, sa hauteur; mais, si vous l'examinez sous le double rapport de sa hauteur et de sa largeur, vous reconnaissez dès lors que les variations de surfaces sont inversement proportionnelles, non plus aux simples distances, comme dans le cas précédent, mais bien aux carrés de ces distances. C'est ce qui fait que :

Vu de Mercure, le disque du Soleil paraît sept fois plus grand que de notre station terrestre ;

Vu de Vénus, deux fois plus grand ;

Vu de Mars, moitié moins grand ;

Et ainsi des autres distances, toujours en proportion inverse de leurs carrés ou deuxièmes puissances.

Or, remarquez que, si, d'une part, l'intensité de la lumière augmente inversement au carré de la distance et s'affaiblit en raison directe du carré ; d'une autre part, la grandeur du disque de l'astre, ou, ce qui est la même chose, sa surface apparente croît et diminue suivant la même loi.

Évidemment ces deux effets se compensent : la lumière du Soleil se concentrant à mesure que son disque se rétrécit et dans les mêmes proportions, il est clair que sa vivacité doit demeurer constante et toujours la même à toutes distances.

Par exemple :

A la distance 1, vous avez un éclat de lumière

et une grandeur de disque que vous représentez également par l'unité 1.

A la distance 2, l'intensité de la lumière est quatre fois plus faible sans doute ; mais, comme elle est concentrée sur un disque devenu aussi quatre fois moindre, elle ne perd rien de sa vivacité.

A la distance 3, il n'y a plus, il est vrai, qu'une intensité de lumière neuf fois moindre ; mais le disque de l'astre étant réduit pareillement à une étendue neuf fois plus petite, la lumière s'y trouve neuf fois plus concentrée, et partant tout aussi vive.

D'où l'on voit que cette vivacité doit se maintenir toujours la même, puisque son affaiblissement est exactement compensé par la concentration qu'elle reçoit des changements du disque apparent, qui diminue dans les mêmes proportions qu'elle-même.

Il résulte de cet exposé que la vivacité de lumière du Soleil ne change pas, quelles que soient les distances d'où l'on considère ce grand astre, même pour celles de nos planètes les plus lointaines, telles que Jupiter, Saturne, Uranus, etc. ; en sorte que les étoiles, qui sont autant de soleils, ne cessent d'être visibles pour nous que lorsqu'elles sont placées à des distances si prodigieuses que les images qu'elles forment dans notre œil, sont devenues trop petites pour pouvoir y faire une impression suffisante.

Nous espérons que, dans tout ceci, on n'a pas confondu la vivacité de la lumière avec ses effets d'illumination. Une lumière, en effet, peut être très-vive et n'éclairer que faiblement, soit à raison de son petit volume, soit à raison de son grand éloignement. Le pouvoir éclairant dépend, toutes choses égales d'ailleurs, de la surface du corps lumineux, tandis que la vivacité ne tient qu'à la concentration du foyer de lumière et nullement à son étendue.

Les habitants de Jupiter voient le Soleil vingt-sept fois plus petit que nous ne le voyons; ils en sont vingt-sept fois moins éclairés; mais la lumière étant vingt-sept fois plus concentrée, elle a pour eux la même vivacité que pour nous.

Le Soleil paraît quatre-vingt-dix fois plus petit dans Saturne que sur notre terre. Cette planète n'en reçoit qu'une lumière quatre-vingt-dix fois plus affaiblie, mais tout aussi vive à cause de sa concentration quatre-vingt-dix fois plus grande.

Dans l'éloignement d'Uranus, le disque apparent du soleil est fort réduit; sa surface est trois cent soixante-cinq fois moindre qu'elle ne semble vue du globe que nous habitons. La lumière qui en émane éclaire trois cent soixante-cinq fois moins; mais, comme elle est concentrée dans la même proportion, sa vivacité reste la même.

Pour un habitant de la Planète Le Verrier, le disque solaire n'a plus que la mille trois centième partie de celui qu'il nous présente. Sa lumière, mille trois cents fois plus concentrée, conserve toute sa vivacité, mais illumine mille trois cents fois moins qu'à la distance où nous sommes.

Ainsi : vivacité constante de lumière, malgré les distances, et variations du pouvoir illuminant avec les distances; tels sont les deux phénomènes dont nous avons voulu rendre la distinction facile par ces exemples.

ARTICLE II.

De la température et de l'illumination des Satellites.

§ 33.

Nous n'avons que peu de choses à dire des satellites sous le rapport de la chaleur et de la lumière. Ces astres subalternes, circulant à d'assez petites distances de leurs planètes primaires, reçoivent proportionnellement du soleil, à très-peu près, la même quantité de chaleur et de lumière. Ce que nous avons dit des planètes à cet égard s'applique presque en tous points aux satellites. La seule remarque qu'il nous paraisse utile de faire pour à présent, c'est de rappeler que, pendant les nuits, l'éclairage des satellites est de beaucoup supérieur à celui des planètes, attendu que les satellites sont très-petits et les planètes très-grosses. La lumière réfléchie par la Terre illumine la Lune au moins 13 fois plus que celle de la Lune n'éclaire la Terre. Et, malgré la pluralité des satellites de Jupiter, de Saturne, d'U-ranus, la différence y est encore plus marquée, parce que ces planètes sont bien-autrement volumineuses que la Terre, et leurs satellites bien autrement petits, au moins pour la plupart, que ne l'est le nôtre.

Enfants de la Terre, nous nous sommes imaginé, dans notre intérêt égoïste et dans notre fol orgueil, que la Lune ne serait bonne à rien si elle n'eût pas été faite pour remplacer par sa douce lumière la lumière plus éclatante du jour. Mais qui ne voit que l'argument pourrait être rétorqué avantageusement en faveur de la Lune ; car les Sélénites, s'il en pouvait exister réellement, auraient certes un droit mieux fondé et plus évident de se croire privilégiés et de soutenir que la Terre, beaucoup plus grosse et réfléchissant beaucoup plus de lumière, a été formée tout exprès pour éclairer leurs longues nuits, d'une durée presque égale à la moitié d'un de nos mois.

De ces prétentions rivales, ou, si l'on préfère, réciproques à s'illuminer durant leurs nuits, la dernière, quoique un peu moins irrationnelle sans doute, ne saurait cependant être accueillie avec plus de faveur des esprits dégagés des présomptions nuisibles à la manifestation de la vérité et exempts de l'absurde manie de vouloir trouver la causalité finale de toutes choses. Aussi ne paraît-il pas plus raisonnable d'avancer que les planètes soient destinées à éclairer leurs satellites que ceux-ci à éclairer leurs planètes. Si, en effet, tel avait pu être le but de la nature, il est manifeste que Saturne lui-même et qu'Uranus, qui sont plus loin et moins gros que Jupiter, ne seraient point encore, à la distance où ils se trouvent du Soleil, assez volumineux, Uranus surtout, pour réfléchir une lumière suffisante sur leurs satellites les plus éloignés, qui, à leur tour et par la même raison, ne pourraient pas mieux satisfaire, malgré leur nombre, aux exigences entières du problème. C'est, au reste, ce que nous aurons peut-être encore occasion de démontrer dans la suite de ce travail.

Mais revenons au cas de la Lune, qui est le plus intéressant pour nous, puisqu'elle est satellite de la Terre.

Pour que la destination gratuitement donnée à cet astre de dissiper l'obscurité de nos nuits, ne pût lui être contestée, il aurait fallu, d'après Laplace[1], que la Lune, toujours en opposition et à une distance quadruple de celle où elle est, eût fait sa révolution, non plus en un mois autour de notre planète, mais bien en un an dans une orbite embrassant celle de la Terre et dans le même plan.

On conçoit très-bien qu'étant toujours en opposition, la Lune aurait toujours été pleine; et qu'étant éloignée de la terre quatre fois plus qu'elle ne l'est, elle aurait constamment échappé au cône d'ombre que cette dernière projette derrière elle; mais, afin de pouvoir se maintenir ainsi en opposition permanente avec la terre, il aurait encore fallu que sa vitesse de translation eût été un peu supérieure à la nôtre. Or, comment faire concorder cet état de choses avec la législation astronomique de Képler, dont la troisième loi nous a fait connaître le rapport établi entre les durées des révolutions et les distances planétaires au soleil? C'est ce qu'il n'est pas possible de concilier; car, dans cette supposition, l'un des caractères essentiels de la gravitation et

---

[1] Exposition du Système du monde, 6ᵉ édit., tome II, p. 97.

10.

l'arrangement du système du monde seraient nécessairement tout autres qu'ils ne sont.

Un savant éminemment distingué, M. A^{te} Comte fait observer à ce sujet [1] que le mieux pour la Terre aurait été d'avoir deux satellites, disposés de façon que le lever de l'un eût coïncidé avec le coucher de l'autre. C'est effectivement ce qui aurait pu arriver, si ces lunes de rechange, en circulant dans une même orbite autour de la terre, eussent toujours pu rester à 180° de longitude l'une de l'autre.

Quelque chose d'analogue ou de plus avantageux encore doit certainement avoir lieu dans les positions respectives des nombreux satellites de Jupiter, de Saturne et d'Uranus, dont un, au moins, doit se montrer au-dessus de l'horizon quand les autres sont dessous. Mais n'oublions pas que la multiplicité des satellites est un privilége qui n'appartient qu'à quelques planètes, que la terre n'en a qu'un seul, qui encore fonctionne fort mal, et que d'autres, qui en auraient besoin autant ou plus qu'elle, en sont cependant totalement dépourvues.

[1] Traité phil. d'Astronomie populaire, in-8°, 1844.

ARTICLE III.

De la température et de l'illumination des Comètes.

§ 34.

Étudiées sous le rapport de la température et de la lumière, les comètes vont nous présenter des conditions bien différentes de celles que les planètes et les satellites nous ont offertes.

Déjà nous avons vu qu'en vertu de la petitesse des excentricités de leurs orbites, les distances des planètes au Soleil variaient fort peu dans le cours de leurs révolutions. Nous avons fait remarquer aussi qu'il en était de même des satellites à l'égard de leur planète centrale, et par suite à l'égard du Soleil lui-même, attendu que la proximité des satellites du foyer respectif de leurs mouvements n'était jamais qu'une minime fraction de la distance de la planète primaire au Soleil, centre général des mouvements, de la chaleur et de la lumière de tout le système.

C'est cet état de choses, avons-nous dit encore, qui assure à cette catégorie d'astres la stabilité de leur sol, la constance de leur température, l'invariabilité de leur illumination, et qui, quant à ces conditions du moins, en fait des globes susceptibles d'être habités.

Pour les comètes tout est différent et contraire.

A raison de leurs excentricités considérables, les courbes que parcourent ces astres forment des ellipses très-allongées. Il en résulte que leurs distances au Soleil changent perpétuellement et extrêmement, ce qui amène des variations correspondantes dans leur température, dans leur illumination, et même dans leur constitution physique. Nous avons déjà dit un mot à ce sujet, mais sans aucun des détails dans lesquels il convient que nous entrions à présent.

§ 35.

Newton a prétendu que la comète de Halley, dite de 1682, et dont la période moyenne est de 76 ans, avait dû éprouver à son passage périhélie une chaleur 2,000 fois aussi forte que celle du fer, ou plutôt de la fonte en fusion dans une forge très-active. Mais, bien que le calcul sur lequel se fonde cet illustre géomètre soit assurément d'une exactitude parfaite, il faut avouer cependant que, vu l'incertitude des données mêmes du problème, la conséquence qu'il en tire est réellement sans valeur positive. Le calcul indiquerait tout au plus ce qu'aurait pu être la température de la Terre si elle eût été transportée à la distance où s'est trouvée la comète, et non pas vraiment celle qu'a dû éprouver la comète elle-même. En effet, le résultat de Newton suppose implicitement ce qui ne peut pas l'être, savoir, que la constitution physique de la comète était identiquement la même que celle du globe que nous habitons. Il faut donc rappeler encore ici que nous sommes dans une ignorance presque complète relativement à la plupart des conditions susceptibles de modifier les effets de la chaleur solaire à l'égard des astres de notre monde, ou, en d'autres termes, que les données, qui nous seraient indispensables pour servir de bases sûres à des calculs de cette nature, sont mal déterminées, insuffisantes ou inconnues; qu'en conséquence toute spéculation touchant la détermination rigoureuse des températures des comètes, comme au reste de tous les autres corps célestes, ne saurait nous conduire évidemment qu'à des indications hasardées, qu'à de vaines et stériles hypothèses.

§ 36.

Mais, s'il est difficile, impossible même, en négligeant forcément ces influences thermoscopiques secondaires que nous ne pouvons préjuger, d'arriver à une appréciation certaine du degré effectif de température des corps célestes; du moins nous est-il permis d'examiner quels peuvent être les plus importants changements que doit apporter, dans les effets de la chaleur, la loi fondamentale de la raison inverse du carré des distances.

Un des caractères, avons-nous dit, qui distinguent les comètes des planètes, résulte des variations considérables de distances de ces astres au Soleil dans le cours de chacune de leurs révolutions. Il y a des comètes qui s'approchent dix fois, vingt fois, cent fois et plus du Soleil à leur périhélie qu'à leur aphélie, d'où il est aisé de concevoir quelles énormes différences de chaleur ces corps ont à subir, quelquefois en un temps assez court, dans les divers points de leurs orbites.

Certaines comètes ont leur point de périhélie si voisin du soleil, qu'elles rasent en quelque sorte la surface de ce grand astre. La comète de Halley est dans ce cas ; mais celle qui apparut si soudainement au mois de mars 1843, en approche encore davantage, comme nous l'ont appris les observations si précises de MM. Laugier et V. Mauvais. Les autres comètes connues ne s'en approchent pas aussi près sans doute ; cependant, comme les ellipses cométaires sont en général excessivement allongées, il en résulte que, du périhélie à l'aphélie, ces astres légers, qu'on prenait jadis pour des météores, ont à supporter des variations extrêmes de température, dont l'effet inévitable est de les rendre impropres à toute habitation.

On sait qu'une certaine fixité ou permanence du sol est une des premières conditions qu'un astre doive présenter pour que des êtres organisés vivants puissent s'y développer et y établir leur demeure. Or, cette stabilité indispensable est ce qui fait précisément et complétement défaut aux comètes, à cause des perpétuels changements d'état auxquels donnent lieu les prodigieuses vicissitudes de température que nous venons de mentionner. Congelées à leur aphélie par le froid excessif qui y règne, puis liquéfiées par l'action croissante de la chaleur à mesure qu'elles s'approchent du Soleil, et enfin réduites en vapeur en tout ou en partie par les torrents de calorique dans lesquels elles se trouvent plongées, les masses cométaires, en s'éloignant ensuite de cet immense foyer de chaleur, repassent successivement par les mêmes états, non pas sans avoir perdu quelque portion des matières qui les constituaient et que la faiblesse de leur attraction n'a pu rappeler jusqu'à leur centre ou noyau.

Indépendamment de cette déperdition probable des substances qui composent l'extrême prolongement des queues des comètes, dont les masses se trouvent ainsi réduites à chaque révolution, tant qu'elles donnent lieu à ces longues traînées de matières nébuleuses, il importe encore de faire remarquer qu'il est très-certain que, par l'effet de ces gazéifications, liquéfactions et solidifications alternatives, les éléments constitutifs de ces astres, en se combinant et en se groupant de tout autre manière qu'ils ne l'étaient auparavant, ne sauraient reconstituer l'état, soit physique, soit chimique, qu'ils présentaient avant chacune des transformations précédentes.

Ceci entendu, tout le monde comprend sans qu'il soit besoin de l'exprimer, combien ces diverses considérations apportent de difficultés nouvelles à l'opinion de ceux qui persistent à croire, hors de toutes raisons, à l'habitabilité possible des comètes.

§ 37.

Nonobstant ces observations, quelques savants ont avancé qu'en vertu même de ces changements d'état, qui alternativement donnaient lieu à un énorme dégagement et à une absorption non moins considérable de calorique, il se pourrait faire qu'il s'établît une sorte d'équilibre ou de compensation de température dans ces astres, dont le calorique devient tour à tour sensible et latent par l'effet des transformations qu'ils ont à subir. L'extrême chaleur du périhélie volatilise tous les matériaux dont la comète est formée, et l'excès du calorique absorbé passe à l'état latent. A l'aphélie c'est l'inverse; le froid rigoureux auquel l'astre est exposé le solidifie en totalité, et le calorique latent, qui est restitué et devenu sensible, tend à maintenir l'équilibre de température en question. Telle est l'explication sur laquelle on s'est fondé pour attribuer aux comètes une température toujours constante ou du moins peu variable, quel que soit leur éloignement ou leur rapprochement du soleil.

D'abord nous ferons observer qu'il serait fort étrange que, de ces alternatives de dégagement et d'absorption de calorique, il pût résulter une compensation quelque peu exacte de température aux deux points extrêmes des courbes elliptiques cométaires, et que, si cet effet arrivait une fois par hasard, ce ne serait certes pas une raison pour qu'il en dût être ainsi dans tous les autres cas.

Nous ajouterons de plus que l'inégalité des pertes que le rayonnement dans les espaces célestes fait éprouver au calorique devenu sensible ne saurait pas permettre assurément à une compensation de cette nature de s'effectuer.

Enfin on voudra bien remarquer que, de quelque manière qu'on s'y prenne, il y aura toujours incompatibilité complète entre les circonstances dont il s'agit et les nécessités de la vie, tant végétale qu'animale. C'est ce que au reste

nous allons tâcher de faire ressortir par une courte
exposition des phénomènes astronomiques et des
exigences biologiques, qu'il faudrait avant tout
concilier pour être autorisé à conclure à l'habitabilité des comètes.

§ 38.

La loi qui règle l'intensité du calorique rayon-
nant et du fluide lumineux en raison inverse du
carré de la distance, nous apprend qu'au périhélie les comètes qui s'approchent le plus du
Soleil, sont soumises à une chaleur torréfiante et
à une éclatante lumière; qu'à l'aphélie, au contraire, elles ont à subir tous les inconvénients d'un
froid excessif et d'une profonde obscurité.

S'il en est ainsi, ce qu'il serait difficile de nier,
ne pouvons-nous pas demander aux partisans de
l'opinion que nous combattons en ce moment,
quelles sont les organisations vivantes qui pourraient impunément supporter une lumière aussi
éblouissante et une aussi prodigieuse chaleur, et
braver ensuite le froid le plus rigoureux et les
plus épaisses ténèbres ?

Mais on réplique qu'on n'admet pas ces différences de température; que ce qu'on soutient, c'est l'invariabilité de la chaleur malgré les variations de distances; c'est le maintien et la constance de son équilibre au moyen des absorptions et dégagements alternatifs de calorique, dont l'excès et le défaut se trouvent ainsi compensés aux deux sommets de l'orbite.

En quittant le périhélie, où elle était en vapeur, pour se diriger vers l'aphélie, où elle deviendra solide, la comète, dit-on, ne se refroidit pas, parce qu'en se condensant elle restitue petit à petit le calorique latent qu'elle recélait à l'état gazeux. Et réciproquement, en repassant de l'aphélie au périhélie, elle absorbe, par l'effet de la dilatation, de la liquéfaction et de la volatilisation de ses éléments constitutifs, l'excès de calorique qu'elle reçoit du Soleil, et ne s'échauffe pas. D'où l'on voit que, dans le premier cas, l'équilibre de température se maintiendrait par le dégagement successif du calorique latent qui deviendrait sensible; et qu'il serait dû, dans le second cas, à l'absorption du calorique qui, de sensible qu'il était, passerait à l'état latent.

Ces effets, ajoute-t-on enfin, en se compensant l'un par l'autre, assurent à la comète, quelle

que soit sa distance au Soleil, une température
douce et uniforme, qui en rend l'habitation possible et même agréable.

Eh bien, soit! Admettons pour un instant
cette égalité supposée de température des comètes dans tous les points de leurs orbites; mais
aussi ne perdons pas de vue que, pour qu'il y ait
soit dégagement, soit absorption de calorique,
et partant compensation de chaleur du périhélie
à l'aphélie, il faut de toute nécessité que la comète change d'état, c'est-à-dire qu'elle se con-
dense ou qu'elle se dilate. Admettons donc, par
hypothèse, qu'à une époque quelconque de la
course de l'astre, à l'aphélie par exemple, la vie
puisse se développer à sa surface ; mais deman-
dons tout aussitôt ce que deviendront ces êtres
organisés nouvellement éclos quand l'état physique de la comète viendra à changer en retour-
nant de l'aphélie au périhélie. Évidemment la
destruction infaillible de tous ces nouveau-nés en
serait la conséquence; car le maintien de la vie
ne serait possible qu'autant que l'équilibre de température dont on arguë pourrait s'établir sans
changement d'état; autrement notre objection
subsiste dans toute sa force.

Que si au contraire on nous accorde, ce que d'ailleurs on ne peut nous refuser afin de rendre vraisemblables les dégagements et absorptions de calorique d'où dépend la compensation en question, qu'en effet la constitution physique de la comète subit de radicales transformations aux deux extrémités de son orbite, on voit encore par là qu'il est de toute impossibilité qu'aucune existence, soit animale, soit végétale, puisse résister à de pareilles métamorphoses de milieux, ou, en d'autres termes, qu'aucune espèce vivante ne pourrait subsister indifféremment, tantôt sur un corps solide, tantôt dans un liquide, et tantôt au sein de vapeurs mille fois plus ténues et plus subtiles que les molécules de l'air que nous respirons.

§ 39.

Quant aux auteurs qui reconnaissent et qui acceptent avec raison les variations thermométriques si considérables que les comètes ont à subir dans leurs longues courses, mais qui prétendent à tort que des êtres doués de vie pourraient s'habituer peu à peu, par degrés, insensiblement, à ces énormes différences de température ; nous répondrons d'abord que, s'il en pouvait être ainsi envers certaines comètes qui circulent très-lentement, cela ne saurait plus avoir lieu assurément pour les comètes à courtes périodes, par exemple pour celle découverte par Ponce et calculée par Encke. Sa révolution, comme on sait, s'accomplit en trois ans et un tiers ou environ 1,200 jours ; et dans ce court intervalle de temps, sa constitution physique change peut-être quatre à cinq fois d'état. En second lieu, nous objecterons qu'alors même que l'économie vivante pourrait se plier, comme on dit, à ces prodigieuses vicissitudes de température, il est clair qu'elle ne pourrait se faire également aux conséquences antibiologiques des transformations matérielles de l'astre, alternativement congelé, liquéfié ou vaporisé, suivant qu'il s'éloigne ou s'approche du soleil.

§ 40.

En résumé donc, nous voyons que l'inhabitabilité manifeste des comètes tient essentiellement à leurs grandes excentricités, et par suite à l'in-

stabilité de leurs éléments constitutifs ; tandis que
la circularité presque parfaite des orbites des
planètes et des satellites, en assurant à ces globes
un état permanent de fixité, tant sous le rapport
du sol que sous celui de la chaleur et de la lumière, les dispose favorablement à l'égard de
l'évolution des forces organisatrices. D'où il résulte finalement que les conditions astronomiques
d'un astre dominent nécessairement, et avant
toutes autres, les questions relatives à sa fertilité
ou à sa stérilité, à son habitation ou à sa non-
habitation.

TROISIÈME SECTION.

Des conditions relatives à la durée du jour et de l'année, à la diversité des saisons et à la nature des climats.

ARTICLE I.

De la durée du jour et de l'année dans les Planètes.

§ 41.

Pour peu que l'on observe et réfléchisse, on ne tarde pas à reconnaître la vérité de cet axiome biologique, savoir, que la vie est d'autant plus courte que ses actes se renouvellent plus souvent et plus brusquement. C'est ce qui a fait dire à Hufeland [1]. que : « Le moyen de vivre long-temps, c'était de vivre lentement. »

[1] Traité de l'Art de prolonger la vie, 1 vol. in-8°.

L'exactitude de cette proposition, que l'expérience des siècles avait proclamée et qu'elle ne cesse de confirmer chaque jour, est d'ailleurs si palpable et si conforme à tout ce que nous savons aujourd'hui des lois de la vie, qu'il paraît impossible de ne pas se rendre tout d'abord à son évidence. Les ouvrages des physiologistes, des médecins, des philosophes, des moralistes abondent en preuves à l'appui; et, si l'on voulait des exemples, on n'aurait véritablement d'autre embarras, tant ils sont nombreux et variés, que celui de la préférence à donner à tels ou tels faits de cette nature.

Il devient donc manifeste, d'après ce préliminaire, que, dans toutes conjectures raisonnables sur la durée de l'existence des êtres organisés dans notre système planétaire, il faut tenir compte, autant que faire se peut, non-seulement des influences qui président aux développements de la vie et à son maintien, mais encore de celles qui, comme la durée du jour et de l'année, la diversité des saisons et des climats, se montrent si éminemment aptes à en modifier l'activité, le rhythme et les fonctions.

§ 42.

Si donc l'on considère, suivant ce que nous venons d'exposer, que la durée de l'existence est en raison inverse de la fréquence des alternatives des impressions et sensations, on en conclura naturellement que la longueur des jours et des années, en maintenant pendant longtemps le même degré de température et d'illumination, la même uniformité d'actions physiques dans chaque astre, offrira autant de conditions favorables à la longévité de ses habitants; tandis que la brièveté des jours et des années devra au contraire être préjudiciable à l'existence, par les changements trop répétés et trop peu ménagés dans l'état des dites conditions de chaleur, de lumière, de sécheresse, d'humidité, etc. Fatigués par une succession d'actes qui ne leur laisse en quelque sorte aucun repos, les ressorts des organismes vivants, de même que ceux de toutes les machines, se fatiguent, se détraquent et s'usent d'autant plus rapidement qu'ils fonctionnent plus vite et qu'ils sont affectés par de plus brusques et de plus fréquentes secousses.

Mais voyons quels sont, sous ces rapports, les astres qui présentent le plus ou le moins de chances à la prolongation de la vie de leurs habitants.

§ 43.

La plus lente des rotations, à part les rotations de quelques satellites, est celle du Soleil, qui tourne sur son axe en 25 jours, 12 heures, environ.

Le Soleil étant lumineux par lui-même, ou plutôt par sa photosphère ou enveloppe extétérieure de nuages phosphoriques, il en résulte que le jour y est permanent. La chaleur aussi y est toujours égale, et il paraîtrait même, ainsi que nous l'avons rapporté, qu'il se pourrait qu'elle fût assez modérée à la surface solide de l'astre. Nous ne reviendrons pas sur les explications que nous avons déjà données de la manière de voir du docteur Elliot, du professeur Bode, du célèbre W. Herschel et de quelques autres à ce sujet. Nous nous bornerons à rappeler que pour eux, l'habitation de ce globe immense n'est pas douteuse, et qu'ils le regardent même, à raison de cette uniformité constante de chaleur et de lu-

mière, comme devant offrir un séjour de parfaits
délices.

§ 44.

Mais, si, abandonnant ces opinions grandement
hasardées, nous passons à l'examen des planètes,
nous sommes frappés tout d'abord d'une coïncidence singulière, c'est que la durée du jour est,
à peu de chose près, la même dans les quatre
planètes qui sont les plus voisines du Soleil. En
effet :

Cette durée est de 24 h.   5′ 28″ dans Mercure.
    —   23 h. 24′ 7″ dans Vénus.
    —   23 h. 56′ 4″ sur la Terre.
    —   24 h. 39′ 21″ dans Mars.

A quoi tient cette ressemblance dans la longueur des jours de ces quatre premières planètes?
A quelque chose sans doute, mais que nous ignorons complétement. Quoi qu'il en soit, il est vraisemblable que, sous ce rapport du moins, la vie
doit être sensiblement de la même durée dans
chacun de ces mondes.

§ 45.

Nous ne savons absolument rien touchant la durée des jours de Vesta, d'Astrée, de Junon, de Cérès, ni de Pallas; car l'éloignement déjà considérable de ces planètes et l'extrême petitesse de leurs disques apparents n'ont pas permis d'en constater les rotations. Cependant ces rotations et les alternatives de lumière et de ténèbres qui en sont la conséquence existent très-certaine- -ment pour ces petits astres comme pour les au- tres, attendu qu'il y a des millions à parier contre un qu'eux aussi tournent sur eux-mêmes en même temps qu'ils sont transportés dans l'espace.

§ 46.

Les rotations de Jupiter et de Saturne sont très-rapides et presque semblables entre elles. Cette égalité approchée n'est pas moins remar- quable que pour les quatre premières planètes dont nous avons parlé.

Cette durée est de   9 h. 55′ 50″ pour Jupiter.
—   10 h. 18′ 0″ pour Saturne.

Les jours de ces deux grosses planètes sont donc plus de moitié plus courts que ceux de Mercure, de Vénus, de la Terre et de Mars. Quelle en peut être la cause ? C'est ce que, dans l'état actuel de nos connaissances, il serait très-difficile de dire. Dans tous les cas cette brièveté extrême des jours doit s'opposer à ce que, soit des animaux, soit des végétaux, puissent y fournir une longue carrière. L'existence dans ces planètes doit être singulièrement divisée, coupée, morcelée ; tous les actes de la vie doivent s'y succéder avec une grande rapidité, et c'est à peine si des êtres organisés comme nous le sommes auraient le temps, en cinq heures de jour effectif, de s'habiller, de se déshabiller, de prendre un seul repas et de faire une courte promenade, que déjà la nuit serait arrivée. L'homme ne trouve à vivre sur la terre qu'à force de travail et d'efforts persévérants ; ce n'est qu'à ce prix qu'il l'oblige à produire ; et, si les mêmes efforts étaient indispensables pour la fertilisation du sol de Jupiter et de Saturne, il est certain que, toutes les fois que ces travaux exigeraient de la suite, le temps lui manquerait pour les effectuer, et qu'il y mènerait une vie fort misérable. Mais les habitants de ces planètes, s'il y en existe, sont vraisemblablement d'une tout autre nature que la nôtre.

§ 47.

Quant à la durée du jour dans Uranus et dans la Planète Le Verrier, nous ne la pouvons pas connaître évidemment, puisque nous ignorons celle de leurs rotations, et cela par les mêmes raisons qui nous ont empêché de déterminer les rotations des planètes télescopiques; mais, de même que nous l'avons exposé pour ces dernières, il est hors de doute qu'Uranus et que la Planète Le Verrier tournent aussi sur leur axe.

§ 48.

On a bien compris dans tout ceci que, lorsque nous disons que c'est la durée de la rotation qui fixe la durée du jour d'une planète, nous entendons parler de l'ensemble du jour et de la nuit ou de la période que les anciens ont désignée par l'expression significative de *nycthéméron*. C'est ainsi qu'il faut toujours interpréter le mot *jour* quand nous ne l'accompagnons d'aucune autre qualification, comme lorsque nous avançons que la durée du jour est d'à peu près 24 heures dans Mercure, dans Vénus, sur la Terre et dans Mars, et de 10 heures environ dans Jupiter et dans Saturne. Ce laps de temps, de 24 heures pour les unes et de 10 heures pour les autres, indique la durée du nycthéméron, qui comprend le temps que le soleil passe sur l'horizon et celui qu'il demeure au-dessous; en un mot, c'est la période entière du jour et de la nuit dans chacun de ces astres.

La forme générale des planètes et des satellites étant celle de sphéroïdes plus ou moins aplatis à leurs pôles de rotation, il en résulte de toute nécessité que, tandis qu'une moitié de leur surface est éclairée par les rayons solaires directs, l'autre moitié en est privée et plongée dans les ténèbres; de là le partage du nycthéméron en jour et en nuit. Les planètes dépourvues de satellites, telles que Mercure, Vénus, Mars et très·

probablement Vesta, Astrée, Junon, Cérès, Pallas et enfin la Planète Le Verrier, qui n'ont que la pâle lueur du ciel étoilé pour diminuer quelque peu l'obscurité de leurs nuits, sont très-certainement plus mal partagées à cet égard que la Terre, Jupiter, Saturne et Uranus, dont les satellites, comme des réflecteurs placés à distance, peuvent leur renvoyer durant la nuit la lumière qu'ils reçoivent eux-mêmes du Soleil. C'est ce qui a donné lieu à certaines gens qui ne voient que causes finales partout et dans tout, de prétendre que les satellites n'avaient pas été imaginés à d'autres fins ; et la preuve, ajoutent-ils assez maladroitement, que c'est là le motif et le but de l'existence de ces astres secondaires, c'est que leur nombre va en augmentant avec les distances des planètes auxquelles ils sont assujettis. Par malheur pour eux, leur théorie pèche par sa base même ; car, à ce compte, et en admettant que Mercure et Vénus puissent s'en passer, bien qu'on ne voie pas trop pourquoi, comment se fait-il que la Terre ayant sa lune, Mars, qui est moitié plus loin, en soit entièrement déshérité ? Si cette planète était escortée par un ou plusieurs satellites, certes nous les verrions ;

car, dans ses oppositions, Mars est très-près de nous et nous les pourrions fort bien distinguer. Il n'en est pas de même des planètes télescopiques et de la Planète Le Verrier; les unes sont trop petites et l'autre circule à une distance beaucoup trop considérable pour qu'il nous soit possible de constater la présence ou l'absence d'astres subalternes autour d'elles. Aussi nous arrêterons-nous à la seule question relative à Mars; car, tant qu'elle n'aura pas été résolue par des faits, nous serons en droit de repousser une hypothèse qui est si manifestement en contradiction avec les observations. Du reste, nous avons déjà prouvé que si les satellites réfléchissaient quelque faible lumière sur leurs planètes respectives, celles-ci leur en renvoyaient en bien plus grande abon—dance. La Terre ne possède qu'un satellite unique, qui ne l'éclaire que médiocrement pendant une partie du mois, et point du tout durant l'autre partie, c'est-à-dire plusieurs jours avant et après la conjonction ou néoménie. Les phases de la Terre sont inverses de celles de la Lune, et nous l'éclairons 13 fois plus qu'elle ne le peut faire à notre égard. Les Lunes de Jupiter, de Saturne et d'Uranus sont presque toutes plus petites que

la nôtre, et, quoique multiples, elles rendent infiniment moins de services à leurs planètes que cès
dernières ne leur en rendent, en raison de leurs
volumes si incomparablement plus considérables.
Sous le rapport donc de l'illumination des nuits,
il y aurait un beaucoup plus grand avantage à habiter les satellites que les planètes elles-mêmes.

§ 49.

Nous ne nous sommes occupé jusqu'à présent
que du jour astronomique, c'est-à-dire de l'intervalle de temps qui s'écoule depuis le lever réel
jusqu'au coucher mathématique du soleil. Ce jour
n'est pas absolument le même que le jour sensible
ou appréciable à nos sens; il en peut même diffé-
rer extrêmement. Les planètes qui, comme Vesta,
sont sans atmosphère, n'ont que cette seule espèce
de jour qui commence et finit brusquement, puisque son origine et sa terminaison sont des instants
précis, et qu'en outre Vesta est une planète dé-
pouillée de toute enveloppe aériforme et complétement nue. Évidemment là où il n'existe pas de
milieu réfringent, il ne saurait y avoir de réfraction, conséquemment point de lever accéléré ni

de coucher retardé du soleil, point d'aurore ni
de crépuscule, rien, en un mot, qui puisse allonger
la durée du jour astronomique ou véritable. Mais,
pour la Terre et pour les planètes qui sont en
possession d'une enveloppe gazeuse plus ou moins
réfringente, c'est une tout autre affaire, le jour
sensible commence plus tôt et finit plus tard que
le jour astronomique. Déjà le Soleil brille à l'o-
rient quoiqu'il ne soit pas encore levé en réalité,
et il est déjà couché géométriquement que nous le
voyons encore resplendissant de tous ses feux
au-dessus de l'horizon occidental. Ces effets sont
dus à la réfraction, qui est d'autant plus efficace
pour élever l'astre que nous le considérons plus
près de l'horizon.

Ajoutez à ce premier résultat de la réfraction,
celui auquel elle donne lieu sous le nom d'Aurore
et de Crépuscule, et vous aurez trouvé la raison
pour laquelle la durée du jour sensible l'emporte
sur celle du jour astronomique dans toutes les
planètes pourvues d'une atmosphère ambiante
capable de réfracter les rayons lumineux qui
viennent la pénétrer. Il suit de là que plus une
atmosphère aura d'étendue, que plus elle aura de
puissance réfringente, soit en vertu de sa densité,

soit en vertu de sa composition chimique, et plus les effets dont nous parlons seront prononcés; si bien que, pour certaines planètes, par exemple Junon, mais surtout Cérès et Pallas, dont les atmosphères sont si énormément développées, il se pourrait très-bien faire qu'elles n'eussent pas du tout de nuit, c'est-à-dire que l'aurore, empiétant constamment sur le crépuscule, commençât à poindre avant que celui-ci ne fût entièrement terminé. On conçoit aisément que, s'il en est ainsi, cet état de choses doit apporter de profondes modifications au mode d'existence des êtres organisés que ces planètes peuvent nourrir.

C'est à la présence autour de notre globe d'une atmosphère réfringente que nous devons de jouir, comme les habitants de toutes les planètes qui sont dans ce cas, des avantages de la lumière diffuse, à l'aide de laquelle il nous est permis de voir dans tous les sens et de quelque côté que nous nous tournions. On sait que ce phénomène optique, si précieux au point de vue de l'existence animale et même végétale, est dû aux réflexions multipliées et aux innombrables réfractions ou déviations que subit la lumière en traversant des couches d'air inégalement échauffées, et dont le pouvoir réfringent varie à chaque instant avec les variations de température et par conséquent de densité.

§ 50.

Mais il est un autre phénomène dont il faut encore tenir compte par rapport aux conditions de visibilité dans tous les astres habitables et qui consiste dans l'inévitable absorption d'une partie de la lumière qui pénètre au sein de leurs atmosphères. Qui ne sait, en effet, que, quelque diaphane que soit un milieu, la lumière ne peut le traverser sans y perdre de son intensité, sans s'y affaiblir et s'y amortir plus ou moins en raison de l'action extinctive exercée par ce milieu. C'est ainsi que, malgré l'extrême transparence des couches gazeuses qui constituent notre atmosphère, ces couches n'en forment pas moins un véritable voile absorbant que nous ne pouvons ôter de devant nos yeux et au travers duquel nous sommes obligés de voir tous les corps célestes et habituellement ceux qui résident sur notre terre. L'interposition de ce voile a donc pour effet d'atténuer la lumière des astres à l'égard de la Terre et de toutes les planètes qui, comme elle, sont enveloppées dans un milieu atmosphérique d'une certaine épaisseur.

Mais la Lune, mais Vesta n'ont pas d'atmosphère : aussi ne sont-elles pas habitées. Si l'on veut se faire une idée des conditions de ces astres à cet égard, qu'on se représente, par exemple, ce que deviendrait notre position sur la Terre si son atmosphère venait tout à coup à disparaître, à s'anéantir. Évidemment nous péririons aussitôt par le violent dégagement de nos fluides intérieurs, par la cessation subite de la respiration et par le refroidissement excessif qu'amènerait le libre rayonnement du calorique dans l'espace. Et, en admettant, ce qui n'est pas d'ailleurs sérieusement admissible, que d'autres êtres puissent encore y subsister, il est certain qu'ils seraient en possession de la prérogative de voir le Soleil beaucoup plus brillant qu'il ne nous paraît, puisqu'il n'y aurait plus entre eux et lui de voile gazeux qui pût en amortir l'éclat; mais reste à savoir si leurs yeux pourraient supporter une telle lumière; il est hors de doute que, quant à nous, nous en serions tout à fait aveuglés. En tous cas, ce ne serait là, en vérité, qu'un bien triste avantage ; car, toute lumière diffuse ayant disparu en même temps que l'atmosphère, il n'y aurait plus possibilité, ainsi qu'Euler l'a démontré, de rien apercevoir que dans la direction même des rayons solaires ; de tous autres côtés règneraient de sombres ténèbres, et les étoiles brilleraient comme en pleine nuit, ce qui ne laisserait pas que de faire des planètes privées d'atmosphères un séjour fort inhospitalier, alors même qu'on y pourrait vivre sans respiration et sans pression extérieure.

§ 51.

Il y a des siècles que l'on cherche, mais vainement, quelles peuvent être les causes réelles de l'étrange illusion d'optique qui nous fait apparaître les astres, principalement le Soleil et la Lune, plus grands à l'horizon qu'au zénith. Malbranche, Euler et d'autres savants se sont occupés de ce phénomène sans pouvoir l'expliquer d'une manière complétement satisfaisante : aussi nous garderons-nous bien d'ajouter de nouvelles hypothèses aux leurs. Au surplus, comme cette difficulté théorique ne se rattache pas directement à notre sujet, nous préférons ne pas nous y arrêter et aborder immédiatement un ordre de considérations qui intéressent davantage nos spéculations actuelles; nous voulons parler des conséquences biologiques relatives au plus ou au moins de longueur des années.

§ 52.

S'il est avéré en principe et en fait, ainsi qu'il est reconnu de tous, que la trop fréquente répétition des actes de la vie abrége la durée de notre existence, il est rationnel de penser que la brièveté des années, comme celle des jours, doit exercer une influence fâcheuse sur la longévité des habitants présumés des mondes qui nous entourent. Examinons donc les différences que ces mondes peuvent présenter sous cet autre aspect :

L'année de Mercure est de . . .   87^{j}97
—   de Venus.   224,70
—   de la Terre.   365,25
—   de Mars.   686,98
—   de Vesta. 1 335,20
—   d'Astrée. 1 509,00
—   de Junon. 1 590,99
—   de Cérès. 1 681,53
—   de Pallas. 1 681,70
—   de Jupiter. 4 332,60
—   de Saturne. 10 758,97
—   d'Uranus. 30 688,71
—   de la Planète Le Verrier.   79 400,60

Si, pour plus de commodité, nous traduisons ces chiffres difficiles à retenir en années et fractions d'années terrestres, nous aurons pour équivalents, en nombres ronds, les suivants :

L'année de Mercure est

        de. . . . .   3 mois.

 —   de Vénus. . .   7 mois 1/2.

 —   de la Terre. .   1 an.

 —   de Mars. . . .   1 an 11 mois.

 —   de Vesta. . .   3 ans 8 mois.

 —   d'Astrée. . .   4 ans 1 mois 1/2.

 —   de Junon. . .   4 ans 4 mois.

 —   de Cérès. . .   4 ans 8 mois.
 —   de Pallas. . .

 —   de Jupiter. . . 12 ans environ.

 —   de Saturne. . 29 ans 6 mois.

 —   d'Uranus. . . 84 ans.

 —   de la Planète
        Le Verrier. 217 ans 4 mois 1/2.

On voudra bien remarquer que, si nous esti-
mons dans notre deuxième tableau l'année de
Cérès et celle de Pallas, en bloc, à 4 ans et 8 mois,
c'est qu'en effet la longueur de l'une et de l'autre
est tout près d'être la même. La différence des
deux révolutions est très-peu de chose, car on

peut voir par le premier tableau, qui est plus rigoureux, que cette différence ne va pas tout à
fait à 2 dixièmes de jour, c'est-à-dire à un peu
moins de 5 heures. Ce n'est que dans les calculs
qu'il est utile de tenir compte d'une différence
aussi minime.

La simple inspection des tableaux précédents
nous montre que la durée des temps périodiques
des planètes, ou, ce qui est la même chose, que
la durée de leurs années va croissant à mesure
que ces globes circulent à de plus grandes distances du Soleil, ce qui devait être, puisque les
planètes les plus éloignées ont plus de chemin à
parcourir, et qu'en outre, en vertu d'une des lois
de Képler et de la grande loi de la gravitation
newtonienne, elles le parcourent réellement avec
plus de lenteur. Mais il est bon de faire observer
à cette occasion que les années planétaires ne sont
proportionnelles, ni aux simples distances, ni aux
carrés de ces distances. Elles sont plus longues
que ne l'indique le rapport des simples distances,
et moins longues que celui qu'exigeraient leurs
carrés. Elles sont donc intermédiaires entre ces
deux rapports, comme il est visible par les chiffres
que nous avons donnés.

§ 53.

D'après le principe déjà établi que la vie se consume avec d'autant plus de rapidité que les impressions sont plus réitérées, les mouvements vitaux plus précipités, les sensations plus actives, les besoins plus pressants, etc., nous sommes conduits à regarder les planètes, dont les révolutions s'accomplissent en moins de temps, comme·étant celles qui doivent présenter, à part toute autre influence, les conditions les plus défavorables à la prolongation de l'existence, et réciproquement considérer comme plus propices à la longévité celles qui offrent les plus longues périodes. Or, l'ordre qui règne dans la mesure de la durée des années, suivant la proximité ou l'éloignement des planètes au Soleil, nous apprend tout de suite quelles peuvent être, sous ce rapport, les durées relatives de l'existence dans chacune d'elles.

C'est ainsi que :

Dans Mercure, qui est si proche du Soleil et dont l'année entière est à peine égale au quart de la nôtre, on ne peut guère supposer d'espèces

vivantes capables de durer et de résister longtemps.

Pour Vénus, avec une année de sept mois et
demi environ, les conditions sont certainement
meilleures.

Elles le sont plus encore sur la Terre, dont
l'année est d'un an ou douze mois.

Mars, à son tour, est nécessairement plus
avantagé que cette dernière, car son année est
de près d'un an et onze mois.

Et ainsi des autres planètes qui paraissent
d'autant mieux disposées que leurs années deviennent de plus en plus longues, car les changements qu'amène la succession des saisons s'y
faisant sentir à de plus grands intervalles, les
fonctions de l'économie animale et végétale y
doivent conserver pendant plus de temps le même
rhythme et la même allure, et doivent pouvoir
se préparer de plus loin à subir sans inconvénient les modifications de température, de sécheresse, d'humidité, etc., qui caractérisent
d'ordinaire les diverses époques de l'année, et qui
sont si souvent la source de dérangement dans la
santé et même d'affections graves quand elles
surviennent trop inopinément.

Voulons-nous maintenant comparer la brièveté des années de Mercure, par exemple, avec la longueur de celles d'Uranus, nous trouvons qu'elles sont dans le rapport de 1 à 336, d'où nous inférons, toutes choses égales d'ailleurs, que la durée de l'existence, pour un même mode de vitalité, doit être 336 fois plus prolongée dans Uranus que dans Mercure. Pour la Planète Le Verrier, la différence serait nécessairement encore plus grande, et dans la proportion de 1 à 902,5.

§ 54.

En rapprochant la durée des années de celle des jours dans chaque planète, l'ordre croissant de longévité que nous venons de remarquer depuis Mercure jusqu'à la Planète Le Verrier, doit en recevoir nécessairement d'importantes modifications ; car, tandis que la durée du jour est sensiblement la même pour Mercure, Vénus, la Terre et Mars, celle de leurs années est très-différente. Or, si l'on regarde la durée de l'existence dans ces quatre planètes comme devant être approximativement la même sous le premier rapport, il est de toute évidence que, considérée sous le deuxième aspect, il n'est plus possible qu'il en soit encore ainsi, puisqu'avec des jours presque égaux l'année de Mercure n'est pas la moitié de celle de Vénus, le quart de celle de la Terre, le demi-quart de celle de Mars.

La conséquence de ce parallèle est donc que la vie doit être plus courte dans Mercure que dans Vénus, dans Vénus que sur la Terre, et sur la Terre que dans Mars.

La précédente observation s'applique pareillement à la comparaison des jours et des années de Jupiter et de Saturne. La durée de l'existence peut sans doute être la même dans ces deux planètes, à raison de l'égalité approchée de leurs jours, mais non quant à la dissemblance de leurs années, attendu que le temps périodique de Saturne est deux fois et demi plus considérable que celui de Jupiter : d'où il suit qu'on doit vivre plus longtemps dans Saturne.

Nous venons de voir que les planètes qui jouissent des plus longs jours sont aussi celles qui ont les années les plus courtes, et *vice versâ*. Mercure, Vénus, la Terre et Mars sont dans le premier cas ; Jupiter et Saturne sont dans le second. Or, on demande si, en conséquence de cet arrangement, il n'y aurait pas pour chacun de ces astres une sorte de compensation entre les avantages et les inconvénients de conditions si opposées? Nous ne le pensons pas; car il ne faut pas oublier que la durée des jours reste à peu près égale, bien que celle des années soit très-différente, et cela dans l'une comme dans l'autre catégorie : de façon que, si vous admettez, par exemple, que la brièveté des années de Mars soit exactement compensée par la longueur des jours de cette planète, évidemment les années de la Terre moitié plus courtes, celles encore plus courtes de Vénus, et à plus forte raison de Mercure, dont la translation autour du Soleil est si rapide, comme on sait, exigeraient des jours de plus en plus longs en dédommagement de la brièveté croissante de leurs années : mais c'est ce qui n'est pas. A cet égard, le globe que nous habitons est mieux partagé sans doute que Vénus et surtout que Mercure; mais, d'un autre côté, il est moins favorisé évidemment que Mars et que toutes les autres planètes supérieures, dont les temps périodiques vont toujours augmentant et dans une proportion beaucoup plus rapide que la diminution de leurs jours, du moins pour ceux de ces astres dont il a été possible de constater la durée des rotations.

Ce que nous disions, il n'y a qu'un instant, de la prétendue compensation entre les jours et les années de Mercure, de Vénus, de la Terre et de Mars, il faut que nous le répétions, mais en sens inverse, au sujet de Jupiter et de Saturne : ici les jours sont très-courts et les années très-longues ; et, tandis que la durée des uns est approchant semblable, la durée des autres est essentiellement différente. D'où il suit que, si, par hypothèse encore, les avantages résultant de la longueur des années de Saturne sont indispensables pour balancer les inconvénients de la brièveté de ses jours, il n'y a plus aucun moyen d'établir que les années deux fois et demi plus courtes de Jupiter puissent encore suffire à compenser des jours à peine moins longs que ceux de Saturne.

Quelle que soit donc la planète qu'on se plaise à doter de cette compensation chimérique, ce ne pourra jamais être que gratuitement et en reconnaissant qu'un équilibre aussi peu vraisemblable ne saurait exister en même temps nulle autre part : c'est ce que nous croyons avoir démontré.

Dans le parallèle que nous venons de faire

entre les jours et les années des principales planètes de notre système solaire, on a pu remarquer qu'il n'avait été question, ni des cinq petites
planètes ultra-zodiacales, ni d'Uranus, ni de la
Planète Le Verrier. La raison en est simple, c'est
que nous ne connaissons que la longueur de leurs
années et point du tout celle de leurs jours, le
temps des rotations autour de leurs axes n'ayant
encore pu être observé pour aucune d'elles. Ces
jours sont-ils plus longs ou plus courts que ceux
de la Terre? Conséquemment sont-ils plus avantageux ou moins avantageux, que ne peuvent
l'être les nôtres, à la longévité des animaux et végétaux, auxquels ces astres, à l'exception de
Vesta, paraissent susceptibles de servir d'habita-
tions? C'est ce que nous ignorons. Quant aux durées de plus en plus considérables des révolutions qu'ils accomplissent autour du Soleil, il
est manifeste qu'elles doivent présenter, suivant
la règle commune précédemment établie, des
conditions d'autant plus favorables à la prolongation de l'existence, qu'elles l'emportent davantage sur notre année terrestre comparativement si
courte.

ARTICLE II.

De la durée du jour et de l'année des Satellites.

§ 55.

Les circonstances dans lesquelles se présentent les satellites ou planètes secondaires, relativement à la durée de leurs rotations et révolutions, sont tout à fait différentes de celles que les planètes primaires ou proprement dites nous ont offertes. C'est ainsi que, tandis que celles ci.exécutent un nombre considérable de tours sur elles-mêmes durant le temps qu'elles emploient à parcourir leurs orbites autour du Soleil, ceux-là, au contraire, n'en font jamais qu'un seul dans toute la durée d'une révolution entière autour de leur planète centrale. Cette égalité parfaite entre les rotations et les révolutions des satellites tient à ce que l'hémisphère du satellite, qui regarde la planète, est plus renflé, plus prépondérant et plus lourd que l'hémisphère opposé. Ce n'est encore, il est vrai, que pour la Lune, que cette constante et remarquable égalité a pu être constatée par l'observation; mais il est extrêmement probable, pour ne pas dire très-certain, qu'il en est de même pour tous les autres satellites. Il suit de là que la moitié de la Lune, que nous voyons aujourd'hui, est celle qu'on a vue de tout temps et que verront nos descendants les plus reculés; l'autre moitié, comme elle l'a toujours été, continuera à rester éternellement cachée aux habitants de la terre. « Les causes finales dont certains philosophes, dit M. Arago [1], ont usé avec si peu de réserve pour rendre compte d'un grand nombre de phénomènes naturels étaient, dans ce cas particulier, sans application possible. Comment prétendre, en effet, que les hommes pourraient avoir un intérêt quelconque à apercevoir sans cesse le même hémisphère de la Lune, à ne jamais entrevoir l'hémisphère opposé? » L'objection est péremptoire.

Reprenons donc le cours de nos spéculations

[1] Voir son admirable Rapport à la Chambre des Députés, séance du 16 mai 1842, pour la réimpression des OEuvres mathématiques de Laplace.

biologiques, et faisons observer que de cette similitude de durée entre les deux mouvements de la
Lune, il résulte encore que, si elle pouvait avoir
des habitants, ceux qui demeureraient sur l'hémisphère invisible pour nous, ne verraient jamais la Terre, à moins de se déplacer et de se
transporter dans l'hémisphère tourné de notre
côté. Les habitants hypothétiques des satellites de
Jupiter, de Saturne et d'Uranus seraient identiquement dans le même cas à l'égard de leur planète respective.

§ 56.

Lorsque nous disons que, de notre station terrestre, nous ne pouvons apercevoir qu'une seule
des deux moitiés de la Lune, c'est qu'en nous
exprimant ainsi nous faisons abstraction des effets
connus sous le nom de Libration, et qui consistent dans une espèce de balancement apparent
du globe lunaire sur son centre.

On trouve la cause de cette illusion dans la
manière dont s'exécutent les mouvements de rotation et de translation. Les premiers sont réguliers, uniformes; les seconds, au contraire, s'ac-

célèrent ou se ralentissent suivant que l'astre s'approche ou s'éloigne du foyer de son orbite. Or, en vertu de cette constante uniformité d'une part, et de cette incessante inégalité de l'autre, la Lune nous découvre tantôt un peu plûs, tantôt un peu moins de ses bords latéraux. Ce phénomène est ce qu'on appelle la Libration en longitude ou latérale.

Cette oscillation transversale n'est pas unique ; on en connaît une autre qui lui est perpendiculaire, et qui dépend de ce que l'axe de rotation de notre satellite est légèrement·incliné sur le plan de son orbite et de ce qu'il reste sensiblement parallèle à lui-même dans le cours de chaque révolution : d'où il arrive que la Lune nous présente tour à tour une petite étendue de ses pôles. C'est ce qui constitue la Libration en latitude ou perpendiculaire.

Il n'est donc pas exact de dire que nous ne voyons que la moitié de la Lune ; le fait est que, soit par le haut, soit par le bas, soit par les côtés, la Libration nous permet d'apercevoir, de temps à autre, quelques degrés au delà de la circonférence qui limite l'hémisphère tourné vers nous.

§ 57.

La durée de la révolution tropique de la Lune n'est pas tout à fait de vingt-sept jours et un tiers; celle de sa révolution sidérale est, à peu de chose près, de la même durée; car ces deux sortes de révolutions lunaires ne diffèrent entre elles que d'une quantité excessivement minime, un dix-millième de jour environ; mais il en est autrement pour ce qu'on appelle sa révolution synodique. Et, en effet, après avoir accompli ces premières périodes, la Lune ne retrouve plus la Terre au point du ciel où elle l'avait laissée; car, durant ce temps, la Terre ayant continué d'avancer dans son orbite, s'est transportée fort au delà du lieu qu'elle occupait le mois précédent. Il faut donc que la Lune poursuive encore sa route pour rattraper la Terre, nous voulons dire pour reprendre une même position à l'égard du Soleil et du globe terrestre qu'elle accompagne dans tous ses déplacements. Un peu moins de deux jours et un quart lui est nécessaire pour cela; d'où il suit que le temps employé par la Lune pour revenir à une même phase est de vingt-neuf jours et demi, ou, plus exactement, de $29^j 12^h 44' 3''$. C'est cet intervalle de temps qu'on connaît sous les dénominations de révolution synodique, mois lunaire, lunaison.

§ 58.

On a déjà vu que ce qui donne lieu aux alternatives de jour et de nuit, c'est le mouvement de rotation des astres autour de leurs axes ; or, la durée de la rotation de la Lune étant égale à celle de sa révolution ou translation autour de la Terre, il en résulte que la durée du Nycthéméron ou ensemble du jour et de la nuit dans ce satellite est, comme celle du mois, d'un peu plus de vingt-neuf jours et demi, dont moitié de jour sensible et moitié de nuit proprement dite.

L'absence, autour de la Lune, de toute atmosphère réfringente est cause que le jour, appréciable aux sens, y commence et finit brusquement, sans aurore ni crépuscule. Il n'y a pas non plus de lumière diffuse, et l'on n'y peut voir clair que dans la direction même des rayons solaires. (Voir § 49 et § 50.)

Il existe, au sujet de la distribution de la lumière dans la Lune, comme au reste dans tous les satellites, une singularité assez remarquable, c'est qu'il n'y a de nuit sensible que pour l'un des hémisphères et point pour l'autre. C'est ainsi que l'hémisphère lunaire invisible de la Terre, après avoir été exposé durant près de quinze jours à la lumière solaire, entre dans d'épaisses ténèbres pour un même laps de temps. Mais les choses se passent bien différemment dans l'autre hémisphère qui fait face à la Terre : durant une moitié du mois il est directement éclairé par le Soleil et l'est, durant l'autre moitié, au moyen de ses rayons réfléchis par la Terre. Cette planète, qui est alors *Pleine Terre*, jette sur la Lune 13 fois plus de lumière que celle-ci ne nous en renvoie quand elle est pleine. D'où il suit que la brillante illumination des nuits de l'hémisphère visible doit contraster étrangement avec l'obscurité profonde dans laquelle, quinze jours plus tard, l'autre hémisphère se trouvera plongé.

§ 59.

Nous avons prouvé que l'existence des Sélénites était impossible, mais que si l'on en supposait sur l'hémisphère de la Lune qui nous est caché ils ne connaîtraient pas la Terre ; c'est ce qu'on comprend aisément. Nous ajouterons ici que les habitants non moins imaginaires des autres régions de ce satellite, ne seraient pas du tout dans les mêmes conditions. Ceux des bords du disque lunaire auraient toujours la Terre à leur horizon, à demi levée ou à demi couchée, comme on voudra dire. Quant aux spectateurs placés au centre de la partie tournée vers nous, ils verraient la Terre continuellement suspendue à leur zénith et leur offrant l'image d'une Lune 13 fois plus grande que la leur ne nous paraît. Cette perpétuelle immobilité de la Terre au même point fixe de leur ciel, deviendrait pour eux la cause d'une illusion presque impénétrable, et qui, selon toute apparence, s'opposerait longtemps à ce qu'ils pussent parvenir à découvrir le véritable système du monde.

§ 60.

Les satellites de Jupiter, de Saturne et d'Uranus présentant, comme la Lune, le singulier phénomène d'une rigoureuse coïncidence de durée

entre leurs mouvements de rotation et de révolution ; il nous faut conclure qu'eux aussi tournent
toujours le même hémisphère vers leur planète
respective. Cette remarquable égalité de mouvements entraîne les conséquences que nous avons
déjà énumérées pour la Lune, et qu'il serait superflu de reproduire de nouveau. Seulement nous
dirons ici quelques mots des modifications appli-
cables à chaque cas particulier.

La durée du jour étant égale à celle de la rotation, et la rotation étant exactement de la
même durée que la révolution, qui est la mesure
de l'année [1], nous trouvons que la longueur du
jour et de l'année :

---

[1] Il est ici une importante distinction à établir. Faut-il,
en effet, appeler *Année d'un satellite* la durée de sa révolution autour de la planète, ou bien réserver ce nom à
l'accomplissement de sa translation, en compagnie de la
planète, autour du Soleil? Cette dernière interprétation est
la plus exacte sans doute, et c'est ainsi que nous l'enten-
drons lorsque nous traiterons des saisons des satellites;
mais, pour à présent, il est convenu que nous ne voulons
parler que de la durée de la période de circulation autour
de la planète.

Pour le 1ᵉʳ Satellite de Jupiter est de   1ʲ 18ʰ 28′.
— le 2ᵉ   —   —   de   3ʲ 13ʰ 14′.
— le 3ᵉ   —   —   de   7ʲ 3ʰ 43′.
— le 4ᵉ   —   —   de 16ʲ 16ʰ 32′.

L'ordre dans lequel les satellites sont rangés dans ce tableau nous montre que, conformément à la loi générale, les révolutions vont croissant en même temps que les distances à la planète augmentent. Qu'on nous dispense d'indiquer numériquement ces distances, que nous avons données dans les premiers tableaux ; mais qu'il est inutile de reproduire ici. Il nous suffira entièrement de rappeler que l'éloignement du 1ᵉʳ satellite à Jupiter est un peu plus grand que celui de la Lune à la Terre, et que, pour le 4ᵐᵉ satellite, sa distance est environ quatre fois et demie celle de notre satellite. Mais un fait bien digne d'attention et que nous ne devons pas passer sous silence, c'est que jamais les trois premiers satellites ne peuvent s'éclipser à la fois. Laplace [1] a prouvé en

---

[1] *Exposition du Système du Monde*, tome II, p. 256, édit. in-8°. Année 1836.

effet que, dans les éclipses simultanées du 2me et du 3me satellites, le 1er était toujours en conjonction avec Jupiter, et en opposition quand, à leur tour, ces deux satellites se trouvaient entre la planète et le Soleil.

§ 61.

En comparant maintenant, et d'après ce que nous avons dit de l'action des causes favorables ou nuisibles à l'entretien de la vie, l'influence de la brièveté des jours et des années des satellites joviens à l'influence de la longueur relativement si considérable du jour et de l'année de la Lune, on verra que les avantages d'une plus longue durée d'existence seraient de toute évidence pour les Sélénites, si, d'un autre côté, il ne nous était pas démontré qu'ils ne peuvent pas exister.

Le 4me satellite de Jupiter est celui qui offre le plus de chances d'être habité, car il est le seul auquel on ait encore reconnu une atmosphère. Si les autres satellites ont aussi leurs habitants, il n'y a que ceux qui résident ou qui se rendent sur l'hémisphère en regard de la planète qui puissent avoir connaissance de ce globe majes—

tueux. Perpétuellement immobile à une même hauteur au-dessus de leur horizon, son large disque se montre à eux comme une lune magnifique, dont la surface apparente varie en raison inverse du carré de la distance à laquelle se meut chaque satellite.

L'éloignement du 1er satellite n'est pas assez considérable pour que l'œil puisse embrasser dans sa totalité l'immense disque de Jupiter. Cette vue complète ne commence à être possible qu'à la distance du satellite suivant. Mais la grandeur du disque n'est plus que 90 fois celle de notre Lune à la distance du 4me satellite, ce qui ne laisse pas que de constituer encore une fort grande et fort belle lune, dont l'éclat transforme les nuits de celui des deux hémisphères qui est visible de la planète, en un demi-jour qui ne doit pas manquer de charmes.

Les satellites, au contraire, ne sont véritablement pour Jupiter que de très-petits luminaires qui, tous quatre ensemble, ne l'éclairent peut-être pas mieux que ne le fait, à notre égard, notre unique, mais volumineux satellite. Et si, de de plus, l'on réfléchit que, tandis que les éclipses lunaires sont assez rares chez nous, les gens de

Jupiter voient leurs trois premiers satellites s'é-
clipser constamment à chaque révolution et fré-
quemment aussi le quatrième ; on conviendra avec
nous que l'escorte si vantée du géant planétaire
ne lui rend pas autant de service, du moins sous
ce rapport, qu'on le dit et qu'on le répète généralement sans avoir examiné suffisamment la
question.

§ 62.

Un sujet d'étude, encore plus curieux que le
précédent, nous est offert par le cortége de planètes secondaires qui accompagnent Saturne dans
sa longue révolution autour du Soleil. Ce système,
comme on sait, se compose d'un double satellite
en forme d'anneau, et de sept satellites ordinaires ou globuleux. Ici encore les temps des rotations sont strictement semblables à ceux des révolutions, en sorte que l'hémisphère qu'on aperçoit
de la planète est toujours le même suivant la
règle commune à tous les satellites. Nous ne reviendrons donc pas sur l'impossibilité physique
dans laquelle se trouvent les habitants sédentaires
de l'hémisphère opposé, de pouvoir acquérir,

15

avant de s'être transportés de l'autre côté, la moindre notion de l'astre auquel les leurs sont assujettis.

§ 63.

Le premier de ces corps que nous ayons à considérer, est unique dans notre système planétaire ; c'est cette espèce de couronne au milieu de laquelle, pour nous servir d'une expression vulgaire qui représente assez bien l'étrange aspect de l'astre, nous voyons Saturne placé comme une grosse savonnette dans un plat à barbe.

Ce satellite, qui ne se distingue des autres que par la forme et par son extrême proximité de la planète, n'est pas simple ; il paraît composé de deux anneaux plats, concentriques, excessivement minces, tous deux situés dans le même plan, et séparés l'un de l'autre par une fissure complète et fort étroite qui règne dans toute l'étendue de leur circonférence. L'anneau intérieur est plus large que l'extérieur ; il est aussi plus brillant, et la différence de leurs nuances, d'après Cassini, peut être comparée à celle qu'on observe entre l'argent bruni et l'argent mat. Ce corps singulier est isolé de toutes parts, et l'on peut apercevoir les étoiles au travers du vide qui existe entre la planète et lui.

Considérant que si le double anneau de Saturne était en repos, il ne serait pas probable que les matières solides et pondérables qui le constituent, puissent rester adhérentes et se soutenir mutuellement sans s'écrouler sur la planète centrale, Laplace [1] crut à un mouvement de rotation dont il calcula théoriquement la durée, qu'il trouva égale à celle qu'emploierait un satellite sphéroïdique et de même poids, à circuler à la même distance autour de cet astre imposant. Plus tard, le grand astronome de Slough, W. Herschell, confirma, par des observations d'une exquise délicatesse, la justesse des vues et des calculs de l'illustre géomètre français. Les résultats obtenus furent identiques et fixèrent la durée de cette rotation à 10 h. 29′ 17″. C'est au moyen de la force centrifuge née de cette rapide rotation, que le gigantesque arceau doit de pouvoir se maintenir sans appui dans son inté-

---

[1] Laplace, *Mécanique céleste;* et Arago, *Annuaire* pour 1842.

grité et dans un parfait isolement de la planète, qui en est ceinte comme d'une sorte de rempart. Et bien qu'aucune observation ne nous ait révélé encore de différence appréciable entre les périodes rotatives des deux anneaux, il n'est pas douteux que, s'ils sont distincts l'un de l'autre comme on pense, l'intérieur, à raison de son plus grand voisinage de Saturne, doive tourner nécessairement un peu plus vite que celui qui est situé à l'extérieur.

§ 64.

La vue de l'anneau simple, double ou multiple de Saturne (car quelques personnes le croient divisé en cinq ou six zones indépendantes), doit procurer aux habitants de cette planète, mais tous les quinze ans seulement, un spectacle d'une magnificence inouïe. Les rayons solaires, que la face éclairée de ces vastes arceaux qui traversent le ciel d'un horizon à l'autre réfléchit sur l'un des hémisphères de l'astre central, ajoutent à la lumière du jour et diminuent l'obscurité des nuits de ce globe si étrangement accompagné. Mais, tandis que, dans le jour, le pont immense que

forment ces arceaux est aperçu dans sa demi-
circonférence entière, comme nous voyons de loin
une chaîne de montagnes exposées au midi, la
nuit, ce pont paraît comme rompu ou partagé en
deux par l'ombre du corps de la planète, qui en
couvre toujours une certaine étendue à l'opposite
du Soleil. L'anneau, pour l'autre·hémisphère,
est comme s'il n'existait pas, tant que sa face
obscure est tournée de son côté et y projette son
ombre; mais, à l'expiration des quinze années,
c'est à son tour d'être illuminé et de jouir durant
un pareil intervalle de temps du spectacle gran-
diose dont nous venons de parler. Quant à ce
qu'on a dit qu'il était admirable que Saturne, si
éloigné du Soleil, fût ainsi entouré d'un anneau
comme d'une lune continue pour mieux éclairer
ses nuits, il est visible qu'en proposant ce but
final imaginaire, on n'a pas fait attention que,
pendant quinze ans alternativement, l'une des
deux moitiés de la planète ne voit pas l'anneau,
et que ni l'une ni l'autre moitié ne le voient jamais, à cause de sa trop grande proximité du corps
de l'astre, depuis le 66° de latitude jusqu'au pôle.
Ajoutez à cela qu'une portion de l'arc située en
arrière, est toujours éclipsée dans l'ombre de Sa-

turne ; ce qui est un autre inconvénient pour l'illumination de cette intéressante planète.

Le corps en question ignoré jusqu'à Galilée,
resté mystérieux jusqu'au temps où Huygens
nous en eut fait connaître la véritable figure, aurait, suivant W. Herschel, son atmosphère particulière. Il pourrait donc avoir aussi ses habitants, si, avec cet air supposé respirable et assez
abondant, il réunissait les autres conditions indispensables à l'entretien de leur existence. L'année de ces peuples, presque égale à trente des
nôtres, n'aurait qu'un seul jour et qu'une seule
nuit pour chaque côté de l'anneau. Leur longévité pourrait être plus considérable qu'en aucun
autre monde de notre système solaire, puisque,
d'après le grand principe de physiologie déjà établi, les puissances biologiques, longtemps soumises aux mêmes influences, n'auraient point à
souffrir de ces fréquentes secousses qui, dans un
état de choses moins favorable, en usent et bri-
sent les ressorts dans un laps de temps souvent
fort court, comme nous voyons qu'il arrive nécessairement pour la vie si éphémère de l'homme
et des animaux sur la terre.

§ 65.

Les sept autres satellites de Saturne sont de forme globuleuse. Tous circulent en dehors du double anneau et ont des jours égaux à leurs années, c'est-à-dire que la durée de leurs rotations est la même que celle de leurs révolutions. Et l'on voit, par le tableau suivant, que les temps employés à accomplir ces périodes sont, comme toujours, dans un certain rapport progressif avec l'éloignement à la planète, centre des mouvements de ces astres secondaires. La longueur du jour et de l'année [1] de chacun d'eux est :

Pour le 1er Satellite de Saturne, de   0^j 22^h 38′.

 — le 2e — — de   1^j 8^h 53′.

 — le 3e — — de   1^j 21^h 18′.

 — le 4e — — de   2^j 17^h 45′.

 — le 5e — — de   4^j 12^h 25′.

 — le 6e — — de 15^j 22^h 41′.

 — le 7e — — de 79^j 7^h 55′.

[1] Voir la note explicative du bas de la page 165.

Hâtons-nous de faire remarquer ici que l'ordre dans lequel nous rangeons les satellites, d'après leur moindre distance à Saturne, n'est pas celui qu'on trouve dans tous les ouvrages d'astronomie. Celui que, d'après les principes réguliers de nomenclature, nous désignons comme le *premier* y est appelé le 7me, et le *deuxième* y est connu sous la dénomination de 6me. Quant aux *cinq autres*[1], ils portent les titres de 1er, 2me, 3me, 4me et 5me. Cette bizarrerie tient à ce que, les cinq derniers ayant été découverts et nommés longtemps avant les deux premiers, on a craint d'introduire de la confusion dans le langage en changeant l'ordre déjà établi. On a préféré faire une anomalie et nommer septième et sixième ceux que notre tableau indique comme premier et deuxième.

Les quatre premiers satellites sont trop près de la planète pour que, de ces diverses stations, on puisse apercevoir son disque entier; et c'est à peine même si la chose est possible à la distance où se meut le cinquième. Mais dans l'éloignement

---

[1] Lors de leur découverte par Huygens et par Cassini, ces cinq lunes avaient été appelées *Astres de Louis.*

du septième, dont la distance à Saturne est décuple de celle de la Lune à la Terre, le disque
planétaire a perdu considérablement de sa grandeur, et doit y sembler réduit à environ 12 fois
la surface que nous voyons à notre propre satellite. Aussi l'illumination de Saturne par ses satellites est-elle de beaucoup inférieure à celle qu'ils
en reçoivent eux-mêmes ; ce qui devait être, à
cause de l'énorme disproportion des volumes de
la planète et de ses Lunes, même de la 7me,
qui passe pour égaler Mars en grosseur. Toutefois la distance de cette dernière à Saturne étant
de près de 400,000 myriamètres, il n'est pas
vraisemblable qu'elle lui paraisse beaucoup plus
grosse qu'une orange. Ses autres satellites ne
doivent pas non plus s'offrir à lui sous une apparence bien volumineuse, car leur voisinage plus
grand de la planète ne compense que médiocrement leur extrême exiguïté. Enfin on voudra
bien encore remarquer qu'en vertu de l'inclinaison de leurs orbites sur celle de Saturne et
sur l'écliptique, les mouvements de ces Lunes ne
s'effectuant pas dans la direction de la route du
Soleil, elles ne peuvent paraître pleines aux habitants de Saturne qu'au temps de leurs équi-

noxes, qui n'arrivent que deux fois en trente de nos années.

La distance, à laquelle les deux premiers satellites circulent du double anneau, est si peu considérable, qu'ils n'en font en quelque sorte qu'effleurer le bord : aussi s'éclipsent-ils à chaque révolution. Il n'en est pas de même pour les quatre qui suivent : quoique leurs orbites soient sensiblement dans le même plan, ils ne peuvent rencontrer le cône d'ombre de la planète qu'aux époques où l'anneau n'est plus éclairé que par sa tranche, et quelque temps avant et après. La raison en est facile à saisir; elle dépend de leur plus grand éloignement et surtout de l'obliquité de leurs orbites. Le septième satellite, dont l'inclinaison de l'orbite est très-différente de celles des six premiers, est aussi celui de tous qui s'éclipse le plus rarement.

§ 66.

Soumises aux conditions de mouvement des autres satellites, les sept Lunes de Saturne présentent constamment la même moitié de leurs globes en regard de leur planète. D'où

il suit que les habitants de ces hémisphères privilégiés voient Saturne, toujours fixé dans la
même région au-dessus de leur horizon, comme
une Lune gigantesque traversée et dépassée de
chaque côté par une barre de lumière plus éclatante que celle du disque et qui provient de l'illumination de l'anneau. Les orbites des six premiers satellites étant, avons-nous dit, à fort peu
près dans le plan même de l'anneau, il est clair
que ce corps annulaire· et aplati ne saurait être
aperçu que de champ par les habitants de ces petits astres. Ceux du septième sont dans un autre
cas; ils en peuvent voir plus ou moins les deux
faces alternativement, attendu que l'orbite de ce
dernier satellite est fortement inclinée sur celles
des six autres.

Concluons en résumé que, semblablement à
ce qui a lieu pour les autres corps planétaires qui
marchent accompagnés de globes subalternes, la
différence d'éclairage réciproque entre Saturne
et ses satellites est toute en faveur de ces derniers,
qui, sous ce rapport, sont susceptibles d'offrir
aux développements des êtres vivants qu'ils peuvent recéler des conditions plus avantageuses
de permanence organique. Quant à la comparai-

son avec notre satellite propre, nous ferons observer que, s'il pouvait être habité, la durée de
l'existence y serait nécessairement plus longue
que dans les six premiers satellites de Saturne,
dont les jours et les années sont plus courts que
les siens. Le septième seul présenterait, au contraire, de meilleures chances de longévité, à raison de son temps révolutif trois fois et demie aussi
considérable que celui de la Lune.

§ 67.

Uranus a six satellites globuleux et point d'anneau; cependant, dans les idées des partisans
des causes finales, un satellite de cette forme lui
serait bien plus indispensable encore qu'à Saturne,
qui est une fois plus près du Soleil. A plusieurs
reprises, il est vrai, W. Herschel crut avoir découvert, autour de la planète, deux anneaux placés perpendiculairement l'un à l'autre; -mais,
d'après des observations ultérieures suivies avec
une patience infatigable, le célèbre astronome,
ainsi qu'il a été dit [1], déclara que décidément les

____

[1] Voyez, page 80, la note de M. Arago.

anneaux qu'il avait soupçonnés n'avaient pas d'existence réelle.

Contrairement à ce que nous savons de la direction générale d'occident en orient, des mouvements de tous les corps célestes, pourvu qu'on en excepte les comètes, nous voyons les mouvements des satellites d'Uranus s'effectuer en sens rétrograde, c'est-à-dire d'orient en occident, et dans des orbites presque perpendiculaires au plan de l'écliptique et de l'orbite propre de la planète, qui, comme on sait, ne fait qu'un très-petit angle avec celle de la terre. Mais, à part ces remarquables et singulières anomalies, les satellites en question ne présentent plus aucune différence essentielle avec ceux des autres planètes. Comme la Lune, comme les satellites de Jupiter, comme ceux de Saturne, ils mettent à tourner sur leurs axes exactement le même temps qu'à faire leurs révolutions ; d'où il suit que, comme eux encore, ils dirigent toujours vers leur planète le même hémisphère, et ont des jours et des années d'une durée parfaitement égale. En outre, et par cela même que l'une des deux moitiés de chaque satellite est éternellement privée de la vue d'Uranus, l'autre moitié le voit constamment plus ou

moins élevé au-dessus de l'horizon dans un état
apparent d'immobilité, état que l'étude des autres
planètes en compagnie de satellites nous a appris
à rapporter à la parfaite coïncidence des mouvements de rotation et de révolution dans tous ces
astres secondaires. Leur durée, toujours semblable, est :

Pour le 1er Satellite d'Uranus, de   5^{j}21^{h}25$'$.
— le 2e —   —   de   8^{j}16^{h}56$'$.
— le 3e —   —   de   10^{j}23^{h} 4$'$.
— le 4e —   —   de   13^{j}11^{h} 8$'$.
— le 5e —   —   de   38^{j} 1^{h}48$'$.
— le 6e —   —   de 107^{j}16^{h}40$'$.

Comme nous l'avons déjà fait pour les satellites des précédentes planètes, nous rangeons
ceux-ci non dans l'ordre de leur découverte, mais
bien dans celui de leur plus petite distance à
Uranus. Les deux qu'Herschel aperçut les premiers sont le 2me et le 4me, les quatre autres sont
si difficiles à observer qu'ils n'ont encore été vus
que par ce grand astronome, dans la sincérité
duquel toutefois il n'est venu à l'esprit de per-

sonne, avons-nous dit, de manquer un seul instant de la plus entière confiance. Qu'on veuille bien remarquer aussi que, sans qu'il soit le moins du monde nécessaire de donner ici le chiffre de ces distances [1], la simple inspection du tableau nous apprend que, suivant la loi commune à tout notre système planétaire, les révolutions les plus longues correspondent toujours aux plus grandes distances.

On n'a pas oublié, non plus, que les distances du premier satellite de Jupiter et des quatre premiers de Saturne étaient trop faibles pour que, de ces points, il fût possible d'embrasser complétement le disque de ces deux grosses planètes; nous allons voir qu'il n'en est plus de même au sujet des satellites d'Uranus, dont aucun n'est assez près de ce globe, beaucoup moins volumineux que les précédents, pour que l'ensemble n'en puisse être saisi d'un coup d'œil. A la distance du premier satellite, qui n'est guère inférieure à celle qui nous sépare du nôtre, le disque d'Uranus doit paraître 130 fois environ aussi grand que celui que nous voyons à la Lune,

---

[1] Tableau de la page 35.

et un peu plus de 3 fois seulement à la distance du sixième. Aux distances intermédiaires, on a des grandeurs inversement proportionnelles aux carrés de ces distances.

§ 68.

Les éclipses des satellites d'Uranus, de ceux surtout qui en sont le plus éloignés, ne peuvent avoir lieu, à raison de la quasi-perpendicularité de leurs plans orbitaires relativement à l'orbe de la planète, qu'aux approches des époques où ces plans viennent à passer par le Soleil. Dans les autres points de l'orbite que décrit Uranus et en vertu de la même disposition, il n'est plus possible aux satellites de s'éclipser, attendu que le cône d'ombre se trouve transporté en dehors des plans dont il s'agit. De cet état de choses, il résulte encore que, durant une partie du premier et du troisième quarts de la longue révolution d'Uranus (c'est-à-dire vers ses solstices), la planète et ses lunes ne se voient mutuellement qu'en quartiers; et que ce n'est que, durant une partie aussi du deuxième et du quatrième quarts du parcours de cet immense circuit (autrement dit vers ses équinoxes), que ces astres peuvent se présenter réciproquement et alternativement toutes leurs phases.

Quoique, d'après ce qui vient d'être exposé, il ne puisse arriver d'éclipses de satellites qu'à de certaines époques très-espacées entre elles[1], cependant la misérable illumination d'Uranus par des astres si petits et si éloignés de lui, ne saurait être comparée à l'intensité peut-être centuple de celle qu'il leur renvoie en échange.

§ 69.

Mais abordons un dernier ordre de considérations non moins important au point de vue de nos recherches sur les particularités du mode d'existence que les corps vivants de ces lointaines régions doivent nous offrir.

Si la direction des axes de rotation est la même, ou approchant la même, pour les satellites et pour la planète, ce qu'on peut raisonnablement présumer, il devra s'ensuivre de remar-

---

[1] Une demi-révolution de la planète ou quarante-deux ans.

quables variations dans l'éclairage de ces globes, suivant la position de la planète et de son cortége dans la vaste orbite qu'elle trace aux lieux qu'on prenait naguère pour les confins de notre monde. Tout le temps que ces axes présenteront l'une de leurs extrémités au Soleil, on aura un jour permanent dans celui des hémisphères tourné de ce côté et une nuit de pareille durée sur l'hémisphère opposé. Mais, quand le mouvement aura transporté le système d'Uranus dans les portions de l'orbite où les extrémités de ces axes se trouveront à égale distance du Soleil, la longueur du jour et de la nuit ne sera plus, pour les satellites comme pour la planète elle-même, que celle indiquée par la durée de la rotation de chacun d'eux. Or, les profondes et radicales modifications des deux parts du nycthéméron de ce petit monde nous conduisent à en concevoir de correspondantes par rapport aux conditions d'existence des êtres organisés dont il peut être le séjour. Nous n'avons donc pas, en cette occasion, à établir de parallèle, ainsi que nous avons fait pour les satellites des autres planètes, entre les influences respectives des jours de la Lune et de ceux des satellites d'Uranus sur la longévité de leurs habitants, puisque nous savons que la durée des jours est invariable dans la Lune, et est soumise, au contraire, aux plus énormes changements dans les satellites qu'Uranus emporte dans son mouvement.

§ 70.

Maintenant, et pour résumer en quelques mots les conséquences biologiques qui ressortissent de cette longue discussion, qu'il nous suffise de rappeler que la trop fréquente répétition des actes de la vie est la cause la plus active de son prompt épuisement : d'où il nous faut conclure que plus les jours et les années ont de longueur, soit dans les planètes principales, soit dans celles de second ordre, et plus les organismes vivants y trouvent de conditions favorables à la prolongation de leur existence; et que c'est tout l'opposé évidemment dans les astres dont les jours et les années se succèdent à de trop courts intervalles.

ARTICLE III.

De la différence des saisons et de la nature des climats dans les Planètes.

A cette importante question des jours et des années, qui, par leur durée, exercent de si grandes influences sur la conservation des espèces animales et végétales, s'en rattache une autre que nous devons examiner pareillement sous toutes ses faces, car elle est d'un immense intérêt pour l'objet que nous avons en vue. Elle nous fournira, d'ailleurs, l'occasion d'asseoir nos jugements sur une nouvelle série de faits scientifiques éminemment propres à servir de bases rationnelles à des spéculations de cette nature. Complément obligé de la précédente question, celle que nous allons aborder concerne spécialement les Saisons et les Climats. L'étonnante variété des phénomènes qui en dépendent nous fera pardonner, nous l'espérons, le temps que nous croirons devoir donner à une étude aussi féconde en déductions et en inductions de tous genres.

§ 71.

L'inclinaison des axes de rotation des globes célestes sur le plan de leurs orbites respectives est, pour tous les astres, la cause astronomique des saisons et par suite des climats.

Trois cas principaux, en théorie du moins, sont à considérer :

Obliquité nulle ou *au minimum.* — Si l'axe de rotation était droit ou presque droit, le Soleil étant toujours sur l'équateur de la planète, il n'y aurait pas de saison; car ce serait toujours la même d'un bout à l'autre de l'année, avec des jours constamment égaux aux nuits.

Obliquité extrême ou *au maximum.* — Dans le cas opposé, c'est-à-dire dans l'hypothèse d'une inclinaison portée au maximum, la décli-naison du Soleil parcourant tout le méridien d'un pôle à l'autre, il en résulterait des saisons extrêmes, et des jours et des nuits sans cesse variables, depuis l'égalité parfaite jusqu'à la plus excessive différence.

Obliquités à divers degrés. — Pour les directions intermédiaires, le Soleil ne s'écartant qu'à de certaines distances de la ligne équinoxiale de la planète, les saisons seraient d'autant plus ou d'autant moins prononcées que l'axe aurait une obliquité plus ou moins forte. Les jours et les nuits varieraient en longueur, mais dans des limites arrêtées.

Nous verrons tout à l'heure que presque toutes ces suppositions se trouvent réalisées dans notre système solaire.

§ 72.

Mais, avant de passer à l'exposition particulière des phénomènes que chaque planète ou satellite présente à cet égard, il nous paraît utile de déterminer d'une manière nette et précise ce qu'on doit entendre par Zones. La Terre en a trois, savoir : la Zone équatoriale ou torride, bornée au nord et au sud par les tropiques; la Zone polaire ou glaciale, contenue dans le cercle polaire de chaque hémisphère, et la Zone intermédiaire ou tempérée, située dans l'un et dans l'autre hémisphère entre le tropique et le cercle polaire, qu'il serait plus exact de nommer circonférence polaire. Ces trois grandes divisions constituent les Climats par excellence, les seuls qui soient naturellement circonscrits et qu'il importe de connaître. Les autres, en beaucoup plus grand nombre et désignés sous les noms de Petits Climats ou Climats partiels, ne sont que des subdivisions artificielles et puériles de ces trois climats fondamentaux. Il serait superflu de nous en entretenir.

Premier cas. — Puisque le Soleil, avons-nous dit, n'abandonnerait jamais l'équateur d'une planète, dont l'axe de rotation serait perpendiculaire au plan de l'orbite, on conçoit aisément que, dans cette circonstance, la zone torride, réduite à la largeur du disque apparent du Soleil, ne s'étendrait pas au delà de cet équateur, et que la zone glaciale serait limitée au pôle même. Il ne resterait en réalité que la zone intermédiaire, que nous ne voulons pas appeler ici tempérée, car, les rayons solaires tombant de plus en plus obliquement sur les parallèles de latitude à mesure qu'on les considère plus près du pôle, et de moins en moins à mesure qu'ils se rapprochent de l'équateur, il est visible que les effets de chaleur et de lumière de l'astre iraient continuellement en s'affaiblissant de l'équateur aux pôles ; une même saison, invariable, uniforme, régnerait sur tout le globe ; et un climat spécial, d'une température toujours égale, serait affecté à chaque degré de latitude. Enfin un partage impartial et constant entre la durée du jour et de la nuit achèverait de doter une telle planète des avantages les plus précieux pour la prospérité, le bonheur et la longévité de ses habitants.

Deuxième cas. — Avec un axe de rotation couché sur le plan de l'orbite et coïncidant avec lui, les avantages réels dont nous venons de parler, feraient place à des conditions tout opposées, et, à coup sûr, fort inhospitalières pour le séjour de l'astre. La zone intermédiaire ou tempérée en aurait complétement disparu, et l'on n'y connaîtrait plus que la torride qui en couvrirait toute la surface ; car le Soleil passerait successivement, dans le cours de chaque révolution, au zénith de tous les points de la planète, sans en excepter les pôles eux-mêmes. De là les saisons les plus disparates et les jours les plus inégaux. De là conséquemment une lumière continue et une chaleur

torréfiante au solstice d'été, puis des ténèbres
permanentes et profondes, et un froid glacial au
solstice d'hiver. Les climats, comme les saisons,
seraient tour à tour excessifs : à des cha—
leurs dévorantes et incompatibles avec l'existence
des êtres organisés, à moins que la planète ne
circulât à une grande distance du Soleil, succé-
deraient par degrés les rigueurs d'un froid inévitablement mortel, quelle que fût, au reste, cette
distance.

Troisième cas. —- Veut-on savoir à présent
ce qu'il arriverait en supposant une inclinaison
moyenne, c'est-à-dire de 45° de l'axe de rotation ? Le voici : chaque hémisphère de la planète
se trouverait exactement partagé en deux zones,
la torride et la glaciale ; les tropiques et les cercles polaires se rencontreraient sur le même parallèle à égale distance des pôles et de l'équateur.
De là deux sortes de climats parfaitement définis,
le climat intertropical et les climats polaires. Le
45me degré de latitude marquant, dans ce cas, la
plus grande déclinaison du Soleil, les saisons ne
seraient ni uniformes, ni extrêmes ; elles tien-
draient le milieu entre les meilleures et les pires.
Les jours et les nuits n'auraient la même durée

que deux fois l'an, puis varieraient réciproquement
en longueur d'un équinoxe à l'autre. Mais on comprend aisément qu'avec une obliquité plus considérable de l'axe de rotation, toutes ces différences
s'exagéreraient, et au contraire s'atténueraient
avec une moindre inclinaison.

§ 73.

Ces préliminaires établis, voyons quelles sont
les conditions réelles des planètes et des satellites
à cet égard.

§ 74. MERCURE.

On ne connaît pas bien l'angle d'inclinaison
de son axe de rotation; toutefois on a des raisons de le croire assez petit; les saisons de
Mercure sont donc très-différentes les unes des
autres; elles ne durent, terme moyen, que 22
jours, en sorte qu'un de nos mois est moitié plus
long qu'une saison entière de cette petite planète.
Elle a une zone torride fort étendue et deux zones
polaires qui le sont beaucoup moins : d'où il suit

que ses climats sont alternativement brûlants et glacés, sauf les circonstances ignorées[1] qui peuvent en modifier la température. Le nycthéméron astronomique s'y prolonge un tant soit peu plus que sur la terre; mais l'inégalité des jours et des nuits y est beaucoup plus prononcée. Ainsi, selon toutes probabilités, l'existence des animaux et des végétaux, qui peuvent habiter certaines régions de ce globe, doit s'y consumer avec une effroyable rapidité.

§ 75. VÉNUS.

Vénus a aussi un axe de rotation fortement incliné, d'où résultent, comme pour Mercure, des saisons très-dissemblables, mais bien plus longues : elles sont d'environ 56 jours ou près des deux tiers des nôtres. La très-majeure partie de sa surface est occupée par la zone torride, et le restant par les zones glaciales : de là deux climats distincts, dont la température change énormément de l'été à l'hiver, et des jours et des nuits d'autant plus longs ou plus courts réciproque-

[1] Voyez, § 28 : *A*, *B*, *C*, *D*, etc.

ment qu'on les considère à de plus hautes ou à de plus basses latitudes. La durée du nycthémérou, ou de l'ensemble du jour et de la nuit, y est un peu moindre que sur la Terre. Ces considérations nous portent à regarder le séjour de Vénus comme présentant plus de chances de longévité que celui de Mercure, mais comme n'en offrant pas autant que notre habitation terrestre, ainsi qu'on pourra s'en convaincre dans un instant.

§ 76. LA TERRE.

Les saisons que nous avons sur la Terre sont dues, comme celles des autres planètes, à l'obliquité de l'axe de rotation. Cette obliquité est actuellement, pour l'axe terrestre, de 66° 32′ 25″, ce qui fait que nous avons trois zones et non pas une, ni deux. A cette occasion, il faut nous rappeler :

Que, si l'inclinaison était de 45°, les cercles polaires et les tropiques se confondant ensemble sur ce même parallèle, nous n'aurions que deux zones, la torride au milieu, et la glaciale qui la confinerait au nord et au sud ;

Qu'au-dessous de 45°, il y aurait bien encore deux zones, mais de plus en plus inégales à mesure que l'angle diminuerait d'ouverture ; si bien que, lorsqu'il serait réduit à son minimum ou 0°, l'envahissement général de la surface par la zone torride ne laisserait plus aux zones polaires le moindre espace à couvrir ;

Qu'enfin, au-dessus de 45° on aurait trois zones, dont la tempérée, ou intermédiaire entre la torride et la glaciale, s'élargirait au fur et à mesure que la grandeur de l'angle approcherait d'atteindre à son maximum ou 90°, auquel cas, les cercles polaires ayant remonté jusqu'aux pôles et les tropiques rejoint l'équateur, il ne subsisterait plus qu'une seule et unique zone, la tempérée ou intermédiaire, mais qu'il conviendrait alors de désigner autrement, vu que, dans cette circonstance, ni l'une ni l'autre de ces expressions ne sauraient plus lui appartenir logiquement.

L'obliquité de l'écliptique ou plutôt de l'équateur, car c'est bien réellement l'équateur qui s'incline et non l'écliptique, est une quantité variable avec le temps. Elle a été plus grande qu'elle n'est aujourd'hui ; elle deviendra plus petite, sans cependant diminuer d'une manière indéfinie. Les calculs de Laplace [1] nous ont appris qu'elle oscillait, dans une période excessivement longue, entre un maximum d'à peu près 24° et un minimum de 21° environ. Sa valeur exacte, pour l'époque présente, est de. .   23° 27′ 35″: d'où l'on conclut légitimement que l'inclinaison de l'axe de la Terre sur le plan de l'écliptique est de. .   66° 32′ 25″; ce qui est évident, puisque ces deux angles, à raison de la perpendicularité réciproque de l'axe et de l'équateur, sont manifestement complément l'un de l'autre.

Or, une telle direction de l'axe de rotation relativement au plan de l'orbite, donne nécessairement lieu à trois sortes de zones, dont les aires sont entre elles, et à l'égard de la surface totale, dans les rapports suivants :

Les polaires ont en étendue.   0,1

Les tempérées.   0,5

La torride.   0,4

Ensemble la surface entière du globe. . .   1,0

[1] *Mécanique céleste* et *Exposition du Système du Monde*, tome II, page 31.

Ce partage en trois grandes zones constitue,
pour chaque hémisphère de la Terre, autant de climats généraux, caractérisés par des températures
propres et par des durées particulières de jours et
de nuits : d'où il suit qu'il s'en faut de beaucoup
que ces trois zones ou climats soient également
habitables.

Quoique essentiellement aptes à féconder et à
développer les germes de la vie, les feux de l'é-
quateur ne se montrent pas toutefois aussi propices au maintien et à la longue durée de l'existence, dont les ressorts, incessamment fatigués
par une chaleur accablante, s'usent en assez peu
de temps, comparativement du moins à ce qu'on
observe dans les régions tempérées. On conçoit,
en effet, qu'une température plus douce, en im-
primant aux fonctions de l'économie une moindre
activité, doit par cela même en assurer la permanence dans ces contrées. Quant aux funestes influences des frimas polaires, il est hors de doute
que leur rigueur excessive est tout à fait incompatible avec les besoins de la vie, soit animale,
soit végétale.

Nous venons de voir que les variétés des saisons de la Terre dépendaient, comme celles de ses

climats, du degré d'inclinaison de l'axe de rotation. Or, nous avons établi précédemment que
plus l'axe d'une planète était penché, et plus les
saisons différaient les unes des autres, et inversement : d'où nous inférons que, vu les obliquités
respectives des axes de la Terre et des autres
Planètes, nos saisons sont considérablement plus
distinctes que dans Jupiter, où elles sont presque
uniformes; un peu moins que dans Mars et dans
Saturne, et beaucoup moins que dans Mercure,
Vénus et surtout Uranus; qu'en conséquence
Jupiter est infiniment mieux partagé que nous ne
le sommes sous ce rapport, mais qu'à notre tour
nous avons des conditions plus avantageuses que
celles départies à Mars et à Saturne, et principalement à Mercure, Vénus et Uranus, dont les saisons sont tout à fait extrêmes.

Ne connaissant aucunement quels peuvent être
les degrés d'obliquité des axes de rotation de
Vesta, d'Astrée, de Junon, de Cérès et de Pallas,
nous n'avons point à comparer à ce sujet notre
Terre avec ces cinq petites planètes, non plus
qu'avec la Planète Le Verrier dont l'inclinaison
de l'axe de rotation nous est également inconnue.
Leurs saisons, car elles en ont d'une façon ou

d'une autre, peuvent être uniformes, plus ou moins variées, ou même entièrement disparates ; mais c'est ce que nous sommes condamnés à ignorer aussi longtemps que nous ne pourrons pas parvenir à déterminer les directions de leurs axes.

Ce n'est pas seulement par rapport à leurs variétés que les saisons diffèrent d'une planète à une autre, elles s'en distinguent encore par leurs durées. Envisagées sous ce dernier aspect, les saisons suivent un ordre régulier, c'est-à-dire qu'elles croissent comme les temps périodiques, ou, ce qui est la même chose, comme les années des planètes dans lesquelles on les considère. C'est ainsi que les saisons de Mercure sont les plus courtes de toutes, et celles de la Planète Le Verrier les plus longues : d'où il saute aux yeux que nos Saisons, qui ne durent que trois mois l'une dans l'autre [1], ne sont pas les plus favora-

---

[1] Voici, d'après M. Biot, la durée actuelle de nos saisons, ou plus exactement cette durée pour 1806-1807 :

Durée de l'Hiver, ou de l'intervalle du solstice d'hiver de l'année 1806 à l'équinoxe vernal de 1807. . . . . 89^{j}063

Durée du Printemps, ou de l'intervalle de l'équinoxe vernal de 1807 au solstice d'été. . . . . . 92^{j}908

bles à la longévité, qui exige plus de stabilité dans la température et dans la durée du jour que nous n'en avons généralement sur la Terre. Nos saisons, à la vérité, valent mieux que celles si restreintes des deux planètes inférieures; mais il est hors de

Durée de l'Été, ou de l'intervalle du solstice
   d'été de 1807 à l'équinoxe automnal. . . . . . . 93^{j}572
Durée de l'Automne, ou de l'intervalle de l'équinoxe automnal au solstice d'hiver de 1807. . . 89^{j}702

Il est facile de reconnaître, au premier coup d'œil, ce que ces nombres sont susceptibles de nous apprendre :

A. — Que nos saisons sont toutes d'inégale durée.

B. — Que l'Hiver est la plus courte, puis l'Automne, ensuite le Printemps, et enfin l'Été qui est la plus longue des quatre.

C. — Que l'Automne et l'Hiver n'ont pas chacun trois mois de durée, tandis que cette durée est de plus de trois mois, et pour le Printemps, et pour l'Été.

D. — Que le semestre des mauvais jours (Automne et Hiver) est plus court que le semestre des beaux jours (Printemps et Été); que la différence est de 7^{j}715, ou tout près de sept jours et trois quarts, au profit de l'hé—misphère boréal que nous habitons, car c'est nécessaire—ment l'inverse pour l'hémisphère austral.

Nos saisons actuelles présentent donc un caractère bien remarquable, celui d'être toutes inégales entre elles. Cette inégalité provient particulièrement de l'excentricité de l'orbite et du mouvement du périhélie. On sait, en effet, que le périhélie n'est pas un point fixe, qu'il s'avance len-

doute que les durées de plus en plus longues des saisons des dix planètes supérieures leur donnent des avantages que n'ont pas les nôtres. Ce parallèle prouve clairement, à moins de se refuser à toute évidence, que la Terre n'est pas à beau-

tement d'occident en orient, contrairement au mouvement du point équinoxial qui rétrograde d'orient en occident ; de telle sorte que le périhélie et le point équinoxial vont au-devant l'un de l'autre ;

Le premier à raison de. . . . . $11''8$ de degré par an ;
Le second à raison de. . . . . $50''1$ —   —

Rapprochement annuel de. . . $61''9$ —   —

La conséquence de ceci, c'est que la durée et l'inégalité de nos saisons n'ont pas toujours été et ne seront pas toujours ce qu'elles sont aujourd'hui.

C'est ainsi que le périhélie, qui à présent est à une petite distance du solstice d'hiver, continuera de marcher vers l'est ; si bien que la ligne des apsides, autrefois coïncidante avec celle des solstices, viendra, dans l'avenir, à coïncider avec celle des équinoxes, puis bien longtemps après avec celle des solstices, puis encore avec la ligne des équinoxes, et ainsi de suite dans la longue série des temps.

En l'an — 4,000 ou approchant, époque à laquelle le texte hébreu de la Bible place la création du monde, la ligne des apsides se confondait avec celle des équinoxes ; le périhélie était dans la Balance. Les saisons étaient égales

coup près le meilleur des mondes possibles. Mais poursuivons.

Les saisons sont encore remarquables et distinctes les unes des autres par les changements de température qui les accompagnent et par l'inégale durée des jours et des nuits.

Dans les régions équatoriales il n'y a véritablement que deux saisons, dont les températures, toujours fort élevées, varient beaucoup moins que dans les autres parties du globe. Ces deux saisons

deux à deux : l'Automne et l'Été étaient les plus courtes; l'Hiver et le Printemps les plus longues.

Plus de cinq mille ans en-deçà, en l'année + 1 250, la ligne des apsides, qui coïncidait alors avec celle des solstices, avait son extrémité périhélie dans le Capricorne. Les saisons se trouvèrent encore une fois égales deux à deux, mais groupées différemment : l'Automne et l'Hiver, égaux en longueur, avaient la plus courte durée, et le Printemps et l'Été, aussi égaux entre eux, avaient la plus longue.

Dans quatre mille six cent cent cinquante ans ou environ à partir de l'époque actuelle, c'est-à-dire vers l'an + 6 500, la coïncidence de la ligne des apsides avec celle des équinoxes ayant amené le périhélie dans le Bélier, les Saisons se trouveront de nouveau accouplées et égalisées deux à deux.

On comprend, du reste, que des phénomènes analogues doivent avoir lieu pour toutes les autres planètes, mais à des intervalles de temps différents pour chacune d'elles.

y sont connues sous les dénominations de *saison sèche* et de *saison humide*. Dans les autres climats, les différences de température propre à chaque saison, se prononcent de plus en plus à mesure qu'on les étudie à de plus hautes latitudes. Quoique assez semblables entre elles au printemps et à l'automne, déjà dans notre Europe elles deviennent souvent excessives en sens inverse de l'été à l'hiver. Mais c'est aux pôles que ces différences sont les plus énormes et les plus opposées.

Toute l'année, à l'équateur, il y a égalité constante entre la durée du jour et celle de la nuit; partout ailleurs les choses se passent autrement. Les jours ne sont égaux aux nuits que deux fois l'an, vers le 21 mars et le 23 septembre, aux temps des équinoxes, ainsi qu'on les appelle avec raison. A toute autre époque de l'année, les jours croissent ou diminuent inversement aux nuits, suivant que le Soleil s'approche ou s'éloigne des solstices. C'est ainsi que les plus longs jours et les nuits les plus courtes de notre hémisphère arrivent vers le 22 juin, et pour l'hémisphère opposé vers le 22 décembre. Ces dates sont celles des solstices.

Le tableau suivant nous montre quelle est la durée du plus grand et du plus court jour à di—

vers degrés de latitude. Bien entendu que, lorsqu'un des hémisphères a les jours les plus longs,
l'autre hémisphère a nécessairement les plus longues nuits, attendu que le Soleil ne peut jamais
éclairer qu'une moitié de la surface du globe à la
fois.

A 0° de latitude, c'est-à-dire à l'équateur, les jours, comme les nuits, sont en tout temps de. . . . .   12 heures.

Latitude.	Plus long jour.	Plus court jour.
A 16° 44′.	13 heures.	11 heures.
A 30° 48′.	14 —	10 —
A 41° 23′.	15 —	9 —
A 49° 02′.	16 —	8 —
A 54° 30′.	17 —	7 —
A 58° 27′.	18 —	6 —
A 61° 19′.	19 —	5 —
A 63° 23′.	20 —	4 —
A 64° 50′.	21 —	3 —
A 65° 48′.	22 —	2 —
A 66° 21′.	23 —	1 —
A 66° 32′.	24 —	0 —
A 67° 23′.	1 mois.	0 —
A 69° 50′.	2 —	0 —
A 73° 39′.	3 —	0 —
A 78° 31′.	4 —	0 —
A 84° 05′.	5 —	0 —
A 90° ou aux pôles,	6 —	0 —

La simple inspection de cette table synoptique nous fait voir que la durée du jour et conséquemment celle de la nuit changent perpétuellement et prodigieusement dé l'équateur aux pôles, puisque les jours, qui ne sont jamais que de douze heures à l'équateur, atteignent, indépendamment des effets de la réfraction proprement dite, de l'aurore et du crépuscule, jusqu'à six mois de durée aux pôles.

D'après ce qui vient d'être exposé, est-il encore nécessaire de faire remarquer qu'il existe pour toutes les contrées de la Terre une manifeste compensation entre la durée de tous les jours de l'année et celle de toutes les nuits? L'excès de longueur des jours d'été sur les nuits de cette saison se trouve balancé par l'excès égal et contraire des nuits sur les jours en hiver. C'est ainsi, par exemple, que les seize heures de jour que nous comptons à Paris au 22 juin sont compensées par une nuit pareillement de seize heures au 22 décembre, et que le jour astronomique d'une demi-année des pôles est remplacé par une nuit de semblable longueur. Bref, quelle que soit la latitude, aussi bien à l'équateur qu'aux pôles ou que sur l'un quelconque des points intermédiaires, toujours, dans le cours de l'année entière, la somme de tous les jours équivaut indispensablement à la somme de toutes les nuits.

En résumé, les phénomènes précédemment examinés, savoir : la diversité et l'antagonisme des saisons, leur rapide succession, l'inégalité continuelle du jour et de la nuit, et, par suite, l'inconstance de la température, sont autant d'inconvénients réels pour l'habitation de la Terre. Évidemment ces inconvénients n'eussent point existé si l'axe de rotation, au lieu d'être incliné comme il l'est, eût été perpendiculaire au plan de l'orbite; car, de cet état de choses, fussent résultés, pour toute la Terre, une saison permanente, des jours constamment égaux aux nuits et une température spéciale sur chaque parallèle. A l'abri des transitions souvent peu ménagées de chaleur et de froid, de sécheresse et d'humidité, communément si funestes au maintien de l'équilibre physiologique; à l'abri aussi des autres changements météoriques, non moins nuisibles, qu'amène fatalement le renouvellement des saisons; les fonctions de l'économie vivante se fussent accomplies sans trouble, en pleine liberté, suivant le rhythme normal de la santé, ce qui, vraisemblablement, eût contribué, dans de certaines limites, à la prolongation de notre existence.

Il n'est donc pas douteux, d'après la remarque d'un savant auteur [1], que, s'il était en notre pouvoir de remédier à cette fâcheuse obliquité de l'axe de la terre, l'humanité entière ne dût chercher à combiner ses forces collectives avec celles de tous les agents physiques qu'elle a su s'assujettir, pour tenter d'en opérer graduellement le redressement. Mais qu'il nous soit permis d'ajouter cette simple observation : en supposant ces forces réunies suffisantes, ce qu'assurément les imaginations les plus extravangantes n'oseraient pas même concevoir, où trouver un point d'appui pour en faire l'application? Ce ne pourrait être que dans quelques planètes très-massives, très-pesantes, dans Jupiter ou Saturne, par exemple, ou mieux encore dans le Soleil, qui est plus près de nous et surtout beaucoup plus prépondérant qu'aucun autre corps céleste. Or, l'impossibilité radicale d'une telle entreprise étant évidente par elle-même, il ne nous reste plus, tout en regrettant notre impuissance, qu'à nous résigner ab-

[1] *Traité phil. d'Astronomie*, 1re part., ch. 2, p. 147.

solument à l'ordre matériel établi et à l'imperfection notoire qui en résulte pour notre commune
demeure.

Il est curieux de voir que Milton [1] reconnaisse
implicitement, dans son admirable poème, cette
irréfragable imperfection de notre habitation terrestre. On y lit, en effet, qu'avant le péché de
nos premiers parents un printemps perpétuel ré-
gnait à la surface de tout le globe, dont l'axe
était tout à fait droit sur l'écliptique ; mais qu'aussitôt qu'Adam et Ève eurent mangé du fruit défendu, les principaux d'entre les anges, armés de
glaives flamboyants, furent dépêchés du ciel pour
aller incliner les pôles de la terre de deux fois
dix degrés et plus. Or, il est heureux pour nous
qu'ils ne les aient pas fait pencher davantage,
puisqu'il s'en fût suivi des saisons encore plus
tranchées et partant encore plus défectueuses. En
rapportant cette ingénieuse fiction par laquelle
l'auteur essaie d'interpréter astronomiquement la
punition infligée à l'espèce humaine déchue dès
son berceau, nous avons omis toutefois de ra-
conter que les esprits célestes ne vinrent à bout

[1] *Paradis Perdu*, livre X.

de leur fatale mission qu'à l'aide d'un travail long et pénible, ce que le poète anglais a eu grand soin d'exprimer pour légitimer sa scientifique explication. Car on comprend sans peine qu'une secousse violente, qu'un choc capable de déplacer subitement l'axe des pôles n'aurait pu se faire sans donner lieu à d'épouvantables inondations et sans projeter au loin tout ce qui n'était pas solidement fixé au sol : d'où il est indubitable que l'infortuné couple, qui avait attiré sur sa tête la colère d'en haut, n'eût pu survivre un seul instant à une aussi horrible catastrophe.

§ 77. Mars.

L'axe de rotation de cette planète est un peu moins relevé que celui de la Terre : c'est pourquoi la diversité des saisons y est plus marquée que chez nous, sans être cependant très-différente. Mais ce qui les distingue éminemment des nôtres, c'est leur durée presque double ou d'environ 5 mois, 20 jours, l'une comportant l'autre. Chaque hémisphère a trois zones, dont la mutuelle répartition n'est pas tout à fait la même que sur la Terre, attendu que l'équatoriale et la polaire, relativement plus étendues, y rétrécissent d'autant la tempérée qui leur est intermédiaire. Le contraste des températures des climats est aussi plus sensible, l'inégalité des jours et des nuits plus prononcée et le nycthéméron plus long de près de trois quarts d'heure. Or, cet ensemble de phénomènes présente des conditions dont les unes sont plus, les autres moins favorables à la longévité que sur notre globe; mais, comme elles tendent à se compenser, il est vraisemblable que la durée de l'existence dans Mars doit être, à fort peu près, analogue à ce qu'elle est pour les habitants de la Terre.

§ 78. Planètes télescopiques.

Nous avons déjà fait observer que, la direction des axes de rotation des planètes dites ultra-zodiacales s'étant, jusqu'à ce jour, entièrement dérobée à toutes nos investigations, nous ne pouvions avoir aucune idée rationnelle du nombre et de la disposition de leurs zones, de la nature de leurs climats, non plus que des variations de leurs saisons, dont nous ne connaissons que les durées, toutes plus longues que celles de la Terre.

Les Saisons de Vesta sont de 0 an, 11 mois.

— d'Astrée de 1 an, 12 jours.

— de Junon de 1 an, 1 mois.

— de Cérès

— de Pallas } de 1 an, 2 mois.

Or, on n'a pas oublié que les révolutions entières de ces deux dernières planètes différaient à peine de cinq heures l'une de l'autre, ce qui pouvait donner aux saisons de Pallas environ cinq quarts d'heure de plus qu'à celles de Cérès, si, dans ces diverses évaluations, nous ne faisions pas abstraction·des effets des excentricités et du déplacement continu des périhélies respectifs, qui altèrent nécessairement les durées relatives [1] des saisons de toutes les planètes, tant du premier que du second ordre [2]. A l'égard donc de leurs durées, quatre fois aussi considérables que pour la Terre, et sauf les influences biologiques inhé-

---

[1] Voir la longue note du bas de la page 201 et suivantes.

[2] Il est clair que, lorsqu'on parle des satellites, ce n'est plus du périhélie dont il s'agit, mais bien du point de l'orbite du satellite le plus rapproché de la planète centrale, du périgée pour la Lune, du périjove pour les satellites de Jupiter, etc.

rentes à leur probable hétérogénéité, les saisons de Junon, de Cérès et de Pallas (car il faut faire exception de Vesta, privée d'air et d'eau, et d'Astrée, encore peu connue), doivent évidemment offrir, aux corps organisés de ces petits astres, de meilleures conditions de vie que nous n'en avons nous-mêmes sur la Terre.

§ 79. JUPITER.

De toutes les planètes primaires, la plus favorisée, sous le rapport des saisons, est certainement le magnifique Jupiter. Son axe de rotation est très-peu incliné sur le plan de son orbite : aussi ses saisons sont-elles à peu près uniformes; l'été ne s'y distingue guère de l'hiver, encore moins du printemps et de l'automne. Elles ont, en outre, l'avantage de durer presque douze fois plus que les nôtres, ou approchant 2 ans, 11 mois et demi, en négligeant, bien entendu, les différences occasionnées par l'excentricité de l'orbite et par la position de la ligne des apsides.

Puisque l'axe de Jupiter n'est dévié que de quelques degrés de la verticale, les zones équatoriales et polaires n'ont pareillement que quelques degrés d'étendue, tandis que la zone tempérée ou intermédiaire occupe la presque totalité de la surface des deux hémisphères. Or, comme le Soleil s'écarte très-peu de l'équateur de la planète, la température de chaque parallèle demeure à peu près invariable toute l'année. S'il y a des mers dans Jupiter, comme c'est croyable, les glaces polaires ne s'avançant qu'à une faible distance, il est sans doute possible à ses navigateurs d'approcher plus près de ses pôles que nous ne le pouvons faire de ceux de la Terre.

Le nycthéméron astronomique jovien n'est que de 9 h. 55′ 50″, ou un peu moins de 10 h. L'inégalité des jours et des nuits n'y est, pour ainsi dire, pas appréciable; car, à la latitude où nous sommes, la durée du plus long jour n'y dépasse pas 5 heures.

L'uniformité et la longueur de ses saisons, la permanence de température de ses climats, son équinoxe perpétuel, feraient, sans contredit, de ce colosse planétaire le séjour le plus propice aux évolutions convenablement modérées des organismes vivants, si ce n'était la succession beaucoup trop rapide de ses jours et de ses nuits.

Des raisonneurs, assez mal avisés, ont pré-

tendu que les avantages que Jupiter retirait de
la quasi-perpendicularité de son axe de rotation,
lui avaient été donnés en dédommagement de son
éloignement du Soleil. Mais qui ne voit tout d'a-
bord que l'axe de Saturne est assez fortement incliné, que celui d'Uranus l'est excessivement, et
que ces deux planètes, cependant, sont considérablement plus loin du Soleil que la précédente.
Remarquez que, lorsqu'on a imaginé cette palpable absurdité, comme au reste la plupart de
celles qui se rattachent aux causes finales, c'était
précisément à des époques où l'on n'avait aucune
notion positive de la nature, qu'on ignorait, et
à laquelle on ne voulait absolument reconnaître
aucun défaut : aussi quand on s'est mis à l'étudier dans un esprit plus philosophique, on n'a
pas tardé à s'apercevoir qu'on s'était étrangement
abusé sur cette perfection prétendue de la constitution des mondes.

§ 80. SATURNE.

Saturne présente, quant à la diversité de ses
saisons, mais non quant à leur durée, la plus
grande conformité avec la Terre, et surtout avec

Mars. Il en est de même de la répartition de ses zones et climats. L'angle, que son axe de rotation forme avec le plan de l'orbite, est un peu moins ouvert que pour les deux planètes que nous venons de nommer : d'où la conséquence que, sous ce premier aspect, ses saisons se rapprochent sensiblement des nôtres, et principalement de celles de Mars. Mais il en est tout autrement par rapport à leur longueur, qui, en compensant l'une par l'autre celles qui sont directement opposées, est de 7 ans, 4 mois et demi. C'est 8 fois plus que dans Mars et 29 fois et demie autant que sur la Terre. Il nous reste à ajouter que les jours et les nuits sont fort courts et inégaux, et que le nycthéméron entier, astronomiquement parlant, n'y est que de 10 h. 18′ 0″. Concluons donc que si, d'un côté (vu l'obliquité assez considérable de l'axe), Saturne est moins bien approprié que la Terre pour servir d'habitation à des êtres organisés ; d'un autre côté (vu la durée beaucoup plus longue de ses saisons), il est, au contraire, manifestement plus avantagé qu'elle. Mais peut-être y a-t-il compensation ? c'est possible sans doute, quoique très-douteux, d'après ce que nous avons déjà exposé à ce sujet, § 54.

§ 81. URANUS.

Relativement à l'extrême inclinaison de son axe de rotation, presque couché sur le plan de l'écliptique et par suite sur celui de son orbite propre, qui n'en diffère que très-peu, Uranus est disposé de manière à avoir des saisons aussi disparates entre elles que celles de Jupiter sont ressemblantes. En effet, tandis qu'un de ses hémisphères est, durant une longue période, plus ou moins universellement éclairé et échauffé par l'action permanente des rayons solaires, l'hémisphère opposé se trouve, pendant le même intervalle de temps, plongé dans d'affreuses ténèbres et soumis à un froid excessif. Chacune des saisons de cette lointaine planète dure, l'une dans l'autre, 21 ans : elles valent donc 7 fois un quart celles de Jupiter et 84 fois les nôtres. Uranus n'a que deux sortes de zones, encore sont-elles de grandeur fort inégale : la torride, qui ne justifie guère ici sa dénomination, y a pris un immense développement, puisqu'elle s'étend jusqu'à environ 80° de chaque côté de l'équateur, et les polaires, qui la confinent im-

médiatement et auxquelles il ne reste plus que 10°
de part et d'autre. Quant aux zones intermédiaires, elles en ont complétement disparu. De
l'été à l'hiver, la température de ses climats
change du tout au tout et simultanément la durée respective des jours et des nuits. Rappelons
enfin que, comme on n'a pas encore pu déterminer le temps que la planète emploie à tourner sur
elle-même, on ne sait absolument rien de la durée
de son nycthéméron. Déjà si mal partagé, à raison
de son grand éloignement du Soleil, le disgracié
Uranus l'est donc encore tout autant à raison du
contraste extrême de ses saisons, dont le seul
mérite est d'être incomparablement plus longues
que celles des autres corps planétaires déjà
examinés. Toutefois cet avantage unique paraît
devoir être singulièrement neutralisé par l'énorme
différence de température qu'elles amènent et
par l'inégalité si exagérée des jours et des nuits
qu'on y remarque.

Que si maintenant on nous interroge sur la
probabilité, nous ne disons pas de l'habitation,
mais seulement de l'habitabilité d'un tel astre,
nous répondrons qu'attendu ses conditions astronomiques, il n'est pas du tout vraisemblable que

des organisations, comme celles des êtres qui peuplent notre globe, puissent résister, avec succès, à des changements aussi prodigieux de saisons :

A. — A moins qu'on ne suppose qu'il n'y ait d'habitants que dans les régions voisines de l'équateur de la planète.

B. — Ou bien qu'on ne prétende que les animaux d'Uranus ne soient des espèces émigrantes, des oiseaux voyageurs ou même des poissons, que leur instinct oblige à quitter, en temps convenable, celui des deux hémisphères que la lumière et la chaleur solaires vont cesser de vivifier.

C. — Ou bien encore qu'on ne conjecture que, comme nos animaux hibernants, les loirs, les marmottes, et comme aussi la plupart des reptiles, les tristes habitants d'Uranus ne s'engourdissent et ne passent leur long hiver dans un état de torpeur et de sommeil léthargique.

D. — Ou bien enfin, qu'on n'accorde, pour la durée de l'existence d'une même génération, ou de plusieurs si l'on veut, que les 42 années de lumière et de chaleur dévolues à chaque hémisphère, et qu'on n'admette ensuite que les œufs des animaux et les semences des plantes ne puis-

sent se conserver, en restant profondément en-
fouies dans le sol durant l'autre période, également
ment de 42 années, d'obscurité et de congéla-
tion.

Au surplus on conçoit qu'une fois lancé dans
le champ des hypothèses, on en peut prendre à
son aise, sauf cependant à ne se permettre que
des suppositions en harmonie avec ce que nous
savons des conditions essentielles de la vie sur la
terre.

§ 82. PLANÈTE LE VERRIER.

Ainsi qu'il a déjà été dit : de toutes les planètes actuellement connues, la plus éloignée est
celle que nous devons aux récents travaux de
M. Le Verrier. Sa révolution est si lente qu'elle
ne s'accomplit qu'en 217 ans et plus de 4 mois :
d'où il suit qu'en laissant de côté les effets encore
inappréciables du mouvement du périhélie qui
déplace le grand axe de l'orbite et de celui de la
ligne des nœuds qui fait rétrograder la position
du point équinoxial de la planète, chacune de
ses saisons doit être d'environ 54 ans et 4 mois.
Or, des saisons d'une aussi longue durée présen-

tent ce qu'il y a de plus propice au paisible et successif développement de tous les actes de la vie. Il est vrai que nous ignorons entièrement si cet avantage n'est pas plus que balancé, ou peut-être même annihilé par les conditions relatives à l'inclinaison de son axe de rotation et à la durée de son nycthéméron. Ces circonstances étant impossibles à déterminer à cause de l'immense distance de la planète, on comprend que nous ne pouvons rien savoir absolument, ni de la variété ou de l'uniformité de ses saisons, ni de la nature de ses climats.

ARTICLE IV.

De la Variété des Saisons et de la Nature des Climats des Satellites.

L'étude des influences biologiques des saisons et des climats dans les satellites ne nous arrêtera pas longtemps ; car, à l'exception de la Lune et du double anneau de Saturne, la direction des axes de rotation de tous les autres satellites nous est tout à fait inconnue.

§ 83. La Lune.

La Lune n'a pas de saisons appréciables, par la raison que son axe de rotation, oblique de 88° 29′ 49″, est tout près d'être vertical sur le plan de l'orbite. Il est vrai que cette orbite, environ quatre cents fois plus petite que celle de la terre, est inclinée de 5° 8′ 49″ sur l'écliptique ;

mais, à la distance où elle est du Soleil, cette différence est peu sensible par rapport à la direction des rayons lumineux. L'été et l'hiver se ressemblent presque autant que le printemps et l'automne, ou plutôt se confondent en une seule et même saison, à cause de la perpendicularité de l'axe. Cette saison, toujours uniforme, est égale à la durée de l'année, puisque la Lune est emportée avec nous autour du Soleil. Il est fâcheux seulement qu'en raison de l'absence déjà signalée d'air et d'eau, il ne puisse y avoir personne pour profiter d'une aussi heureuse disposition que celle d'une saison perpétuellement la même.

Presque toute la surface du satellite de la terre est occupée par les zones intermédiaires; l'équatoriale et les polaires n'en recouvrent, au contraire, qu'une très-faible partie. La déclinaison du Soleil variant fort peu à l'égard de la Lune, chaque climat y conserve à peu près sa température propre, sauf les modifications diurnes et nocturnes qu'elle a à subir comme tous les autres corps planétaires. Par la même raison, c'est-à-dire en vertu de la faible déclinaison du Soleil, les jours sont égaux aux nuits. Comme il n'y a pas d'atmosphère autour de l'astre, ils ne sont pas précédés de l'aurore, ni suivis du crépuscule ; mais, la rotation étant très-lente, ils sont beaucoup plus longs que les nôtres : c'est ainsi que la durée effective du nycthéméron lunaire est de 29 ^{i} 12 ^{h} 44' 3″ ou un peu plus de vingt-neuf jours et demi. D'où il résulte que, tandis que nous donnons 365 jours et 1/4 à notre année civile moyenne, les Sélénites, s'il en existait, ne composeraient la leur que de 12 jours et 1/3, ou, suivant notre manière de compter, de 12 lunaisons, plus 10 jours, et 21 heures.

D'après sir J. Herschel fils [1], un climat très-extraordinaire doit régner dans la Lune. Du jour à la nuit, on y doit passer d'une chaleur plus accablante que celle du midi de nos contrées équatoriales, et soutenue pendant 14 à 15 de nos jours, à un froid de même durée et plus violent que celui de nos pôles pendant l'hiver. Mais son traducteur, M. Cournot, fait à ce sujet une observation fort judicieuse que voici : « On sait, dit-il, que l'atmosphère agit sur la température de la surface terrestre, comme ferait une cage de verre, en laissant pénétrer facilement les

---

[1] *Traité d'Astronomie*, chap. VI, § 364,

rayons solaires, et en s'opposant ensuite au libre rayonnement de la surface échauffée par l'influence de ces rayons. Dans l'état de nos connaissances sur les lois de la chaleur rayonnante, on a lieu de croire que l'absence d'une atmosphère empêche que la chaleur solaire ne puisse s'accumuler à la surface de la Lune : de sorte qu'un thermomètre, placé en un point quelconque de sa surface, devrait marquer la même température que s'il était isolé dans les espaces planétaires ; du moins en admettant que la surface de la Lune ait entièrement perdu sa chaleur d'origine. Cette température de l'espace est évaluée, par plusieurs physiciens, à environ 60° centigr. au-dessous de la glace fondante. »

Déshéritée de tout liquide et d'enveloppe aérienne, la Lune n'est sujette à aucun des phénomènes météoriques que nous éprouvons sur la terre ; elle n'a ni pluie, ni grêle, ni vent, ni orage. C'est une masse solide, aride, déserte, silencieuse, sans le plus petit vestige de végétation, et où il est évident qu'aucun animal ne peut trouver à subsister. Si cependant on veut, à toute force, qu'elle ait des habitants, nous y consentirons bien volontiers, pourvu qu'on les assimile aux êtres privés de toute impressionnabilité, de tout sentiment, de tout mouvement, en un mot, qu'on les réduise à la condition des corps bruts, des substances inertes, des roches, des pierres, des métaux, qui, à notre avis, sont les seuls Sélénites possibles.

§ 84. ANNEAU DE SATURNE.

Pour se rendre facilement compte du phénomène des saisons de l'étrange satellite qui ceint l'équateur de Saturne, il faut se rappeler que ce corps circulairè, aplati, isolé de toutes parts, tourne perpendiculairement autour d'un axe qui n'est autre que celui de Saturne même, et que cet axe forme avec le plan de l'écliptique, voisin de celui de son orbite propre, un angle de 28° 40'. Or, il arrive qu'en vertu de cette obliquité, deux fois dans le cours de la révolution de la planète, le plan de l'anneau passe par le centre du Soleil, dont alors les rayons dardent à pic sur sa tranche et ne font que raser ses faces planes. Mais, à mesure que Saturne, en compagnie de son anneau, avance dans son orbite, l'une des faces s'ensevelit dans les ombres de la nuit, tandis que l'autre voit le Soleil s'élever de plus en plus au-dessus de son horizon jusqu'à ce qu'il ait atteint sa plus grande déclinaison. Parvenu à ce terme, il s'abaisse par degrés, passe de nouveau au zénith de la tranche, puis disparaît pour aller éclairer le côté opposé. Ces alternatives, qui se renouvellent à un peu moins de quinze années d'intervalle, donnent lieu à deux saisons aussi extrêmes qu'il soit possible de l'être; car l'une est caractérisée par la présence presque continuelle du Soleil, et l'autre par son absence absolue. Remarquez, en effet, que le jour n'est interrompu sur la surface en regard du Soleil que dans les portions de l'anneau qui traversent successivement l'ombre que la planète projette derrière elle, de façon que la durée du jour l'emporte d'autant plus sur celle de la nuit que l'astre s'éloigne davantage de ses nœuds, où le partage du nycthéméron, qui n'a que 10 h. 29′ 17″, était parfaitement égal. Quant au revers de l'anneau, il ne reçoit, durant ce long espace de temps, d'autre lumière que celle que lui réfléchit la partie correspondante du globe central directement éclairée par le Soleil. Les deux climats de la couronne saturnienne sont donc, comme ses saisons, tour à tour excessifs, soit sous le rapport de la température, soit sous celui de l'illumination et de l'obscurité.

Avec des conditions aussi défavorables, on ne peut véritablement concevoir d'existence animale ou végétale sur ce satellite annulaire qu'à l'aide des conjectures que nous avons faites à l'occasion d'Uranus et de la planète Le Verrier.

§ 85.

Nous avons dit la raison pour laquelle nous ne pouvions rien savoir de la variété des saisons, de la nature des climats et de l'inégalité respective des jours et des nuits de tous les autres satellites. La seule notion vraie, que nous possédions à ce sujet, est celle de la durée de ces saisons. Ici, comme pour les planètes, elles sont d'autant plus longues que le temps périodique de l'astre, autour duquel les satellites circulent, est lui-même plus considérable ; car il est évident que leurs saisons doivent aussi être rapportées aux divers aspects sous lesquels ces globes subalternes se présentent au Soleil.

§ 86. CONCLUSION.

Conformément au grand principe physiologique qui établit que la durée de la vie est en raison directe de l'uniformité et de la lenteur de ses actes et en rapport inverse avec la fréquence des impressions de toute nature que les corps, qui en sont doués, ont à subir, nous conclurons que les chances de longévité de tout ce qui respire ou végète à la surface des mondes qui nous environnent sont, toutes choses égales d'ailleurs, en proportion de la longueur et de la similitude des saisons, de la permanence de température des climats et de l'égalité des jours et des nuits.

QUATRIÈME SECTION.

Des conditions relatives aux diamètres, surfaces, volumes, masses, densités, etc.

ARTICLE I.

Des diamètres, surfaces et volumes des Planètes.

Aussi intéressants au point de vue de nos connaissances astronomiques positives qu'à l'égard de nos spéculations biologiques, les faits que nous allons présentement aborder vont nous révéler des conditions d'existence non moins curieuses que celles que nous avons déjà appris à connaître. Ces conditions nouvelles sont relatives aux diamètres, surfaces, volumes, masses, densités, etc. L'appréciation de leurs influences sur

20.

les divers modes de vitalité des animaux et des végétaux exige que nous rassemblions ces données, comme nous avons déjà fait pour les autres éléments planétaires, dans des tables synoptiques destinées à permettre d'en saisir sans peine les rapports mutuels. Commençons par les diamètres, d'où il nous sera facile ensuite de conclure les surfaces et les volumes.

§ 87.

Le diamètre moyen de la Terre étant pris pour unité, et cette unité valant 1,273 myriamètres [1], voici les proportions relatives des diamètres du Soleil et des planètes, que l'on pourra aisément, si on le désire, convertir en mesures absolues au moyen de simples multiplications :

---

[1] Environ 3,183 lieues de chacune 4 kilomètres.

Le diamètre du Soleil. 109,93
    —   de Mercure. . .   0,39
    —   de Vénus. . . .   0,97
    —   de la Terre. . .   1,00 $\big\}$ Unité de compar.
    —   de Mars. . . .   0,56
    —   de Vesta. . . .   0,03
    —   d'Astrée. . . .   inconnu.
    —   de Junon. . . .   0,17
    —   de Cérès. . . .   0,05
    —   de Pallas. . . .   0,04
    —   de Jupiter. . .   11,56
    —   de Saturne. . .   9,64
    —   d'Uranus. . . .   4,26
    —   de la Planète
                 Le Verrier.   6,13

Ces mêmes nombres, traduits en fractions ordinaires approchées , nous donnent pour résultats :

Le diamètre du Soleil. . . . 110 fois à peu
près celui de la terre.

—	de Mercure. . .	les 2/5.
—	de Vénus. . . .	1 fois.
—	de la Terre. . .	1 fois. { Unité de conv.
—	de Mars. . . .	1/2.
—	de Vesta. . . .	1/30.
—	d'Astrée. . . .	inconnu.
—	de Junon. . . .	1/6.
—	de Cérès. . . .	1/20.
—	de Pallas. . . .	1/100.
—	de Jupiter. . .	11 fois 1/2.
—	de Saturne. . .	9 fois 3/5.
—	d'Uranus. . . .	4 fois 1/4.
—	de la Planète Le Verrier.	6 fois 1/8.

Nous nous empressons d'avertir qu'il ne faut
pas trop compter sur la rigueur des chiffres qui,

dans ces deux tableaux, concernent les planètes télescopiques. Les difficultés, que l'on éprouve à mesurer leurs diamètres apparents si petits, nous font un devoir de déclarer que, quant à présent, cette exactitude n'est qu'illusoire, et qu'en conséquence les nombres indiqués peuvent comporter d'assez fortes erreurs. Il en faut dire autant de la détermination approximative assignée ici au diamètre de la Planète Le Verrier.

Le rayon terrestre moyen, celui qui vient tomber à peu près au milieu de la France, est, d'après M. Élie de Beaumont [1], de 6,366,407 mètres : le diamètre est donc de 12,732,814 mètres, et la circonférence de 4,000 myriamètres [2]. Or, comme dans les voyages de circumnavigation nos vaisseaux ne font guère, l'un dans l'autre et en y comprenant les relâches et accidents de mer, qu'environ 4 myriamètres par jour [3], il faut près de 3 ans pour faire le tour de la Terre.

Un pareil voyage autour du Soleil, qui a 140,000 myriamètres de diamètre [4] et plus de

---

[1] Cours de Géologie de l'École royale des Mines.
[2] Ou 10,000 lieues métriques.
[3] Une dizaine de lieues.
[4] Ou 350,000 lieues.

430,000 myriamètres de circonférence [1], demanderait près de 3 siècles.

Dans Pallas, au contraire, dont le diamètre n'est que le centième de celui de la terre, c'est-à-dire de moins de 13 myriamètres [2], et la circonférence de 40 myriamètres [3], il ne faudrait que 10 jours pour accomplir une navigation de ce genre.

Il suit de là qu'un habitant de Pallas pourrait, en très-peu de temps, visiter tous les coins et recoins de son étroite demeure. Les diverses nations, qui en foulent le sol, pourraient s'y connaître aisément et commercer ensemble ; tandis que, dans le Soleil, à moins que la durée de la vie n'y fût infiniment plus prolongée que sur la terre, toutes relations directes, entre les générations contemporaines, y seraient physiquement impossibles.

[1] Plus de 1,000,000 de lieues.
[2] Approchant 32 lieues.
[3] Ou 100 lieues.

§ 88.

Voyons maintenant pour les rapports en surface.

Considérées dans les sphères, et conséquemment dans les sphéroïdes planétaires, qui, en général, s'écartent peu de cette forme régulière de
la géométrie, les surfaces sont entre elles comme
les carrés ou deuxièmes puissances des diamètres
respectifs. C'est ainsi que :

La surface du Soleil est.... 12 084 fois environ celle de la terre.

—	de Mercure.....	0,15
—	de Vénus..	0,94
—	de la Terre.....	1,00 { Unité convenue.
—	de Mars........	0,31
—	de Vesta........	0,0009
—	d'Astrée...........	inconnue.
—	de Junon........	0,0289
—	de Cérès........	0,0025
—	de Pallas........	0,0001
—	de Jupiter......	133 fois.
—	de Saturne......	92 fois.
—	d'Uranus........	18 fois.
—	de la Planète Le Verrier...	37 fois 1/2.

Ici il est essentiel de faire remarquer que les fractions si minimes qui expriment les surfaces des très-petites planètes, situées entre Mars et Jupiter, sont des évaluations encore plus risquées que celles que nous avons données de leurs diamètres, attendu que l'élévation de ces derniers au carré a dû grossir nécessairement les erreurs primitives ou directes des mesures micrométriques. La surface, que nous donnons à la Planète Le Verrier, ne peut être aussi considérée que comme mesure provisoire.

La Terre a en superficie 5,098,857 myriamètres carrés [1], et nourrit une population de près d'un milliard d'hommes. Sur ce taux, le Soleil pourrait être habité par 12,000 milliards d'individus ; tandis que Pallas, la plus petite de nos planètes,

---

[1] « Dans l'état actuel de la surface de notre planète, la superficie de la terre-ferme est à celle de l'élément liquide dans le rapport de 1 à 2 et 4/5, ou, d'après Rigaud, dans le rapport de 100 à 270, et, suivant d'autres auteurs, de 100 à 284. » (A. de Humboldt, Cosmos, tome Ier, page 336 et page 552.)

La surface totale de mers,
selon M. Élie de Beaumont,
est de.. . . . .   3,742,563 myriam. carrés,
et celle des terres de.   1,356,294   »   »
D'après le même savant, la
surface de la France est de. .   5,400   »   »

D'où il suit que l'étendue de sa surface forme environ la 251ᵉ partie de la surface générale de toutes les terres du globe. (Cours de Géologie.)

ne renfermerait que 100,000 habitants[1]. Or, s'il pouvait être prouvé, comme l'ont d'ailleurs témérairement soutenu le docteur Elliot, le professeur Bode et plusieurs autres avec eux, que l'habitation du Soleil fût, en effet, un immense séjour de délices et de longévité, quel cas pourrait-on faire encore de la prétention de ceux qui n'ont pas craint d'affirmer, sans plus de preuves assurément et même contre l'ensemble des témoignages multipliés de la science, que tout ce que nous voyons ait été constitué en vue de la Terre et du bonheur de ses habitants, eux dont la vie est si éphémère, si agitée, en proie à tant de déceptions, de souffrances et de misères? Certes, si les globes de notre monde ont été formés les uns pour les autres, n'est-il pas plus naturel de penser que les avantages en tous genres doivent demeurer au plus considérable d'entre eux, à celui qui, placé au centre du système, oblige les autres à circuler autour de lui, les gouverne, les maîtrise, les domine avec tant de puissance, enfin les illumine et les réchauffe de ses rayons bienfaisants ?

---

[1] Sa surface entière égale à peine la dixième partie de celle de la France.

§ 89.

Si, des rapports en surface, nous passons aux rapports en volumes, nous trouvons que ceux-ci sont proportionnels aux cubes ou troisièmes puissances des diamètres ; ce qui nous conduit au tableau suivant :

Le volume du Soleil est 1 328 457 fois celui de
la terre.

—	de Mercure.	0,06
—	de Vénus...	0,91
—	de la Terre.	1,00 { Unité de conv.
—	de Mars.....	0,17
—	de Vesta....	inconnu.
—	d'Astrée....	inconnu.
—	de Junon...	inconnu.
—	de Cérès....	inconnu.
—	de Pallas...	inconnu.
—	de Jupiter..	1 470 fois.
—	de Saturne.	887 fois.
—	d'Uranus...	77 fois.
—	de la Planète Le Verrier.	230 fois.

Déjà on a vu que les quantités linéaires, assi-
gnées aux diamètres des planètes ultra-zodiacales,
étaient incertaines, et que leurs carrés, par cette
raison, ne pouvaient attribuer, à la détermination
de leurs superficies, que des valeurs encore plus

douteuses. Or, s'il en est ainsi envers les carrés, que serait-ce envers les cubes, auxquels il faudrait arriver pour avoir les rapports en volumes ? Évidemment les erreurs commises sur les diamètres, accrues par deux multiplications successives, ne permettraient plus d'accorder la moindre confiance aux résultats obtenus : aussi avons-nous dû nous abstenir de donner aucune indication à leur égard. Ce qu'on peut seulement avancer, sans crainte, c'est qu'elles sont toutes plus petites que la Lune, qui est elle-même beaucoup plus petite que la Terre. Ces planètes ne sont que des points dans l'espace, et, quoique le globe terrestre leur soit énormément supérieur, il n'est aussi véritablement qu'un atome au sein de l'univers ; et cependant son volume n'a pas moins d'un milliard de myriamètres cubes, ou plus exactement 1,082,634,000 myriamètres cubes. Dans l'ordre des grosseurs, il ne vient qu'au cinquième rang après Jupiter, Saturne, la Planète Le Verrier et Uranus, et même qu'au sixième en y comprenant le Soleil.

Quelque considérables que nous semblent les dimensions de la planète sur laquelle nous vivons, l'inspection du tableau nous montre qu'elles sont bien loin encore d'approcher de celles du Soleil. En effet, les grandeurs analogues de la Terre étant prises pour unités, les proportions respectives de ces deux globes sont, en nombres ronds :

Comme 1 est à   110   pour les diamètres.

  —   1 est à   12 000   pour les surfaces.

  —   1 est à 1 328 000   pour les volumes.

Mais, comme, malgré ces chiffres, l'esprit a beaucoup de peine encore à se représenter convenablement la prodigieuse étendue de l'astre magnifique qui nous dispense la chaleur et la lumière, voyons si, par quelques autres remarques, il ne serait pas possible de donner une idée plus nette et plus juste de son immense volume. Pour cela il est nécessaire de rappeler :

D'une part, que le diamètre du Soleil, exprimé en myriamètres, est de 140,000 myriamètres [1] : conséquemment son demi-diamètre ou rayon vaut 70,000 myriamètres [2];

---

[1] Ou 350,000 lieues métriques.

[2] Ou 175,000 lieues.

Et d'autre part, que la distance moyenne de la Lune à la Terre est de 38,000 myriamètres [1].

Or, d'après ces données, il est visible que, si nous supposions la Terre placée au centre du Soleil comme un noyau au milieu d'un fruit, l'orbite entière de la Lune se trouverait renfermée dans l'intérieur même de ce grand corps céleste, et à moitié chemin à peu près du centre à la surface; si bien que, pour se transporter de ce centre commun du Soleil et de la Terre au centre de la Lune, on aurait à faire 38,000 myriamètres [2], et qu'il en resterait encore 32,000 [3] à parcourir pour gagner la surface de l'astre. Et pourtant, ainsi que le fait remarquer l'auteur d'un excellent traité élémentaire d'Astronomie [4], c'est ce colosse gigantesque que les anciens poètes, qui, il est vrai de dire, ne le soupçonnaient pas plus gros qu'il ne paraît, ont imaginé de faire traîner dans un char par quatre chevaux.

[1] Ou 95,000 lieues de chacune 4,000 mètres.
[2] Ou 95,000 lieues.
[3] Ou 80,000 lieues.
[4] Francœur, *Uranographie*, 5ᵉ édit., page 212.

ARTICLE II.

Des masses et densités des planètes; de l'intensité de la pesanteur et de la chute des corps à leurs surfaces.

§ 90.

Les considérations qui se rattachent aux masses et aux densités planétaires, qui vont actuellement nous occuper, exigent de notre part une attention toute particulière. Notre parangon, dans cette circonstance, sera encore les quantités similaires du globe terrestre, c'est-à-dire sa masse et sa densité, dont nous donnerons plus bas des valeurs spéciales définies.

La masse du Soleil est... 354 936 fois celle de
la terre.

—	de Mercure....	0,17
—	de Vénus......	0,89
—	de la Terre....	1,00 { Unité de conv.
—	de Mars........	0,14
—	de Vesta.......	inconnue.
—	d'Astrée.......	inconnue.
—	de Junon......	inconnue.
—	de Cérès.......	incodnue.
—	de Pallas......	inconnue.
—	de Jupiter.....	340 fois.
—	de Saturne....	401 fois.
—	d'Uranus......	20 fois.
—	de la Planète Le Verrier.	38 fois.

Nous ne faisons point figurer, dans ce tableau,
les masses des planètes télescopiques, parce
qu'elles sont trop faibles pour occasionner des
perturbations sensibles dans les mouvements des
autres planètes : aussi ces masses sont-elles res-

tées jusqu'à ce jour entièrement inappréciables.

Les indications, que nous venons de donner au sujet des masses de nos principaux corps célestes, ne sont encore que relatives à une unité convenue, c'est-à-dire à la masse de la Terre prise pour terme de comparaison; ce qui, au surplus, est tout à fait suffisant pour les besoins de l'astronomie. Mais, comme il peut paraître curieux d'obtenir ces valeurs en quantités pondérables usuelles, nous ajouterons que la mémorable expérience, au moyen de laquelle Cavendish a trouvé que le globe terrestre pesait cinq fois et demie, ou, plus exactement 5,48, autant qu'un pareil volume d'eau, a rendu possibles ces étonnantes déterminations. Nous connaissons, en effet, le volume de la Terre, qui est égal à 1 082 634 000 myriam. cub., et le poids de l'eau, dont chaque mètre cube pèse 1,000 kilogr. Si donc on voulait avoir le poids absolu de la terre, on n'aurait qu'à prendre autant de fois 1,000 kilogr. que le volume de ce globe renferme de mètres cubes et à multiplier le tout par 5,48.

On a cherché, par un calcul original, à donner une idée de cette masse imposante [1], et l'on est

----

[1] Voy. Francœur, *Uranographie*, page 212 de la 5ᵉ édit.

arrivé à ce résultat curieux qu'il faudrait employer 10 milliards d'attelages, de chacun 10 milliards de chevaux, pour voiturer le globe de la Terre sur un sol semblable à celui de nos routes ordinaires.

Mais, quand, après avoir essayé de se représenter ainsi ce poids énorme, on vient à envisager celui du Soleil, qui est 355,000 fois plus considérable, l'imagination s'égare et fait de vains efforts pour concevoir l'énormité d'une telle masse. C'était néanmoins pour l'utilité et pour les agréments de sa chétive demeure que l'homme, dans son orgueil insensé, s'était figuré que ce globe majestueux faisait le tour du ciel, en vingt-quatre heures, avec tous les autres astres; et c'est pour avoir combattu cette opinion accréditée que l'illustre Galilée se vit, sur la fin de ses jours, jeté dans les cachots de l'Inquisition et condamné à abjurer, pieds nus et à genoux, sa prétendue hérésie du mouvement de la Terre [1]. Sa convic-

[1] Voici la formule d'abjuration que l'ignorance fanatique des Inquisiteurs obligea ce grand homme à signer : « Moi, Galilée, à la soixante-dixième année de mon âge, constitué personnellement en justice, étant à genoux et ayant devant les yeux les saints Évangiles que je touche de mes propres mains, d'un cœur et d'une foi sincères, j'abjure,

tion, toutefois, était si profonde que, voulant
encore rendre hommage à la vérité au sein même
des plus odieuses persécutions, il murmura, dit-
on, en se relevant, ces paroles remarquables :
E pure si muove !

A lui seul, le Soleil est près de 700 fois aussi
pesant que les planètes, les satellites et les comètes réunies ; ce qui, au reste, était indispen-
·sable pour qu'il pût être le centre commun et
prépondérant de tout le système.

§ 91.

Lorsqu'on connaît les volumes et les masses,
il est facile d'avoir les densités, puisqu'elles nous

je maudis et je déteste l'erreur, l'hérésie du mouvement
de la Terre, etc., etc. » — Quel spectacle que celui d'un
vieillard, illustre par une longue vie consacrée tout entière
à l'étude de la nature, abjurant à genoux, contre le témoignage de sa conscience, la vérité qu'il avait prouvée avec
évidence ! Emprisonné pour un temps illimité, par un
décret de l'Inquisition, il fut redevable de son élargisse-
ment aux sollicitations du Grand-Duc de Toscane ; mais,
pour l'empêcher de se soustraire au pouvoir de l'Inquisition, on lui défendit de sortir du territoire de Florence.
(Laplace, *Exposition du Système du Monde*, 6ᵉ édition,
tome II, page 455.)

sont données par le quotient de la division des masses par les volumes. C'est ainsi qu'ont été obtenus les nombres portés au tableau suivant, dans lequel la densité moyenne de la Terre est prise pour unité commune :

La densité du Soleil. . .   0,26 de celle de la terre.

—   de Mercure. .   2,95

—   de Vénus. . .   0,99

—   de la Terre. .   1,00 { Sa densité est ici l'unité.

—   de Mars. . . .   0,79

—   de Vesta. . .   inconnue.

—   d'Astrée. . .   inconnue.

—   de Junon. . .   inconnue.

—   de Cérès. . .   inconnue.

—   de Pallas. . .   inconnue.

—   de Jupiter. . .   0,23

—   de Saturne. .   0,11

—   d'Uranus. . .   0,26

—   de la Planète
         Le Verrier.   0,16

Les volumes et les masses des planètes télescopiques ne nous étant pas connus, leurs densités ne peuvent conséquemment pas être déterminées. Celle de la Planète Le Verrier est hypothétique.

A une époque où l'appréciation des masses n'était pas encore possible, Képler, poussé par le désir, d'ailleurs fort louable, de trouver partout des rapports numériques ou autres, avait supposé gratuitement que les densités planétaires allaient en décroissant à partir du Soleil, et que la loi qui réglait ces variations était celle de la raison inverse de la racine carrée des distances. C'était une erreur patente, car remarquez bien que, pour satisfaire à cette hypothèse, la densité du Soleil est de beaucoup trop faible et celle d'Uranus trop forte ; et que Vénus, qui est est un tant soit peu moins dense que la Terre, devrait, au contraire, l'être bien davantage.

Après avoir comparé les densités du Soleil et des planètes à celle de la Terre, il peut n'être pas entièrement superflu, pour jeter un nouveau jour sur ces intéressants rapports, de les pré senter sous un aspect plus familier en prenant cette fois, pour unité, le poids de l'eau, qui est connu de tout le monde. Or, nous savons que, si le globe terrestre ne formait (qu'on nous passe l'expression) qu'une grosse goutte d'eau d'un volume égal au sien, il pèserait cinq fois et demie moins qu'il ne pèse en réalité. D'où il suit qu'en multipliant par 5 et 1/2, ou, pour plus de précision, par 5,48, chacun des nombres inscrits dans la précédente liste, les produits exprimeront ces densités relativement à celle de l'eau :

La densité du Soleil [1].   1,42
   —   de Mercure.   16,16
   —   de Vénus.   5,42
   —   de la Terre.   5,48
   —   de Mars.   4,33
   —   de Vesta. . . . .   inconnue.
   —   d'Astrée. . . . .   inconnue.
   —   de Junon. . . . .   inconnue.
   —   de Cérès. . . . .   inconnue.
   —   de Pallas. . . . .   inconnue.
   —   de Jupiter.   1,26
   —   de Saturne.   0,60
   —   d'Uranus.   1,42
   —   de la Planète Le Verrier   0,88

Comme on voit, il existe entre le poids spécifique des diverses planètes d'énormes dispro-
portions. Les plus extrêmes sont celles que nous
présentent Mercure et Saturne, dont les densités

---

[1] Qu'on n'oublie pas que c'est la densité de l'eau qui,
dans ce deuxième tableau, est l'unité de comparaison.

sont dans le rapport de **27** à **1** à très-peu près.
Or, il n'est pas présumable que de pareilles différences de densités, dans la constitution physique
de tous ces astres, restent sans influence sur
l'économie organique de leurs habitants. Aussi,
par suite de ces nouvelles conditions, leurs struc-
tures et leurs formes doivent-elles être profondément modifiées et varier d'une si étrange façon,
d'une planète à l'autre, qu'il nous est réellement
impossible de nous figurer ce que peuvent être
ces organisations et leurs modes d'existence.

Voici enfin un dernier tableau des densités
planétaires comparées à celles d'objets d'un commerce usuel :

Le Soleil a la densité du sel ammoniac.

Mercure a une densité moyenne entre celle de l'or et celle du mercure métallique.

Vénus est moitié moins dense que le plomb.

La Terre aussi est moitié moins dense que le plomb.

Mars est moitié moins dense que le cuivre.

Vesta...
Astrée..
Junon... } Densités inconnues.
Cérès...
Pallas...

Jupiter a la densité du sirop de sucre.

Saturne a la densité du bois de sapin.

Uranus a, comme le Soleil, la densité du sel ammoniac.

La Planète Le Verrier a la densité de l'huile essentielle de térébenthine.

Ainsi, et la remarque est curieuse, la matière dont Saturne est composé est si légère que ce globe flotterait à la surface de l'eau comme une boule de bois de sapin : d'où il faut penser que, si l'eau fait partie de la constitution physique de Saturne, ainsi que nous sommes autorisés à le croire d'après ce qui a été dit aux § 8 et 21, elle n'y doit exister qu'à l'état de neige légère à ses pôles de rotation, et qu'à l'état de fluide élastique dans tout le reste de son étendue : or, remarquez que ce dernier état est tout à fait incompatible avec la vie d'êtres organisés comme nous le sommes ou comme presque tous ceux qui partagent avec nous le séjour terrestre.

La Planète Le Verrier paraît être dans un cas analogue, du moins si l'on peut compter sur l'estimation de sa densité.

Quant à la matière de la Terre, dont la densité est près de 3 fois plus faible que celle de Mercure, à peine supérieure à celle de Vénus, et 9 fois plus forte que celle de Saturne, il est bon de faire observer que le résultat capital, rapporté plus haut, de la grande expérience de Cavendish met au néant toute idée d'existence d'un vide immense au sein de ce globe. Nous avons vu, en effet, que la densité moyenne de la Terre était égale à 5,48, celle de l'eau étant prise pour unité ; et, d'un autre côté, nous avons reconnu que les matériaux solides qui constituent ses couches extérieures n'avaient pas une densité qui dépasse 2,5 à 2,7, et que même, si l'on considère l'ensemble général de la surface, la densité moyenne des continents et des mers n'atteint pas jusqu'à 1,6 selon M. A. de Humboldt [1] : d'où l'on comprend combien les couches intérieures, qui ont à supporter une énorme pression, doivent augmenter en densité à mesure qu'elles se rapprochent du centre et qu'elles sont plus fortement comprimées. Or, comment pourrait-on concilier ce fait, aujourd'hui bien constaté, de la notable supériorité de la densité moyenne de la terre sur celle de sa surface aux trois quarts couverte d'eau, avec l'opinion de quelques savants, d'ailleurs fort recommandables, qui ont cru, autrefois et même encore de nos jours, qu'elle pouvait être creuse et évidée comme une bombe ou un obus?

Vers la fin du dix-septième siècle, le célèbre Halley, que nous citons ici à regret, pensait, au rapport de M. de Humboldt [2], qu'il était plus

---

[1] Cosmos ou Description physique du Monde, traduit par M. Faye, 1re partie, page 192.

[2] De Humboldt, ouvrage cité, page 497.

digne du Créateur que le globe terrestre fût habité à l'intérieur et à l'extérieur, comme une maison à plusieurs étages; et croyait que, quant à la lumière nécessaire pour éclairer l'intérieur, il devait y avoir été pourvu d'une façon quelconque. Leslie aussi [1] se représentait l'intérieur de notre planète comme une caverne sphérique, qu'il remplissait d'un fluide impondérable, mais doué d'une force d'expansion prodigieuse. De divagations en divagations, on en était venu à faire croître des plantes dans cette sphère creuse, à la peupler d'animaux, et, pour en chasser les ténèbres, on y avait fait circuler deux astres, Pluton et Proserpine. Ces régions souterraines, disait-on, étaient douées d'une température toujours égale, d'un air toujours lumineux par suite de sa compression excessive : on oubliait sans doute qu'on y avait déjà placé deux soleils pour l'éclairer. Enfin (et ceci est infiniment moins pardonnable à présent que nous connaissons exactement la densité de notre globe), près du pôle nord, par 82° de latitude, on s'est imaginé qu'il y avait une large ouverture par où devait

---

[1] De Humboldt, même ouvrage, page 192.

s'écouler la lumière des aurores boréales, et qui permettait de descendre dans la sphère creuse. Sir Humphry Davy et moi, continue l'illustre savant prussien auquel nous empruntons ces curieux détails, nous fûmes instamment et publiquement invités par le capitaine Symmes à entreprendre cette expédition souterraine.

Telle est la nature des ridicules hypothèses, des rêveries absurdes, dont la constitution physique intérieure de notre globe était naguère encore le sujet. On ne peut aujourd'hui que déplorer de pareils écarts de l'imagination et les signaler comme des exemples frappants des immenses inconvénients qu'il y a en toutes choses, et surtout en matière de philosophie naturelle, à ne pas s'appuyer constamment, dans toutes ses conjectures, sur les faits avérés et irrécusables de la science, ainsi que sur les lois qui les coordonnent et les rattachent les uns aux autres.

§ 92.

Une notion d'un grand intérêt, non pas au point de vue de l'étude générale de l'astronomie, mais bien au sujet spécial de nos conceptions biologiques, est celle qui concerne les effets de la pesanteur à la surface des globes de notre monde.

Si l'on considère, d'une part, qu'une sphère matérielle attire comme si toute sa masse était condensée à son centre ; et, de l'autre, que la gravitation est une force qui agit en raison directe de la masse et inverse du carré de la distance, qui ici n'est autre chose que le rayon de l'astre ; il est manifeste qu'il ne s'agit plus que de diviser la masse par le carré du rayon pour avoir la pesanteur cherchée. Cette simple opération suppose toutefois, ce qui n'est pas tout à fait exact, que les planètes sont des corps rigoureusement sphériques ; mais, comme elles ne s'éloignent que fort peu généralement de cette forme régulière, on comprend qu'il n'y a aucun inconvénient à négliger cette légère déviation dans une approximation de cette nature, d'autant que, dans ces circonstances, nous devons encore faire abstraction de l'action de la force centrifuge et de là résistance des milieux atmosphériques particuliers à chacun de ces globes.

Le tableau ci-contre contient l'indication de ces pesanteurs relatives, en unités de la pesanteur à la surface de la terre.

L'intensité de la pesanteur, sans égard aux causes amoindrissantes ou atténuantes dont nous venons de parler, peut donc être considérée comme assez fidèlement représentée par les nombres suivants :

L'intensité de la pesanteur
  sur le Soleil. 29,37
  — Mercure. 1,15
  — Vénus. 0,95
  — la Terre. . . . . . . 1,00 { C'est notre terme de comparaison.
  — Mars. 0,44
  — Vesta. . . . . inconnue.
  — Astrée. . . . . inconnue.
  — Junon. . . . . inconnue.
  — Cérès. . . . . inconnue.
  — Pallas. . . . . inconnue.
  — Jupiter. 2,55
  — Saturne. 1,09
  — Uranus. 1,11
  — La Planète Le Ver-
      rier. 1,02

Dans l'ignorance à peu près complète où nous sommes à l'égard des masses des cinq planètes ultra-zodiacales, et ne possédant d'ailleurs qu'une connaissance fort imparfaite de la valeur spéciale de leurs rayons, il nous est de toute impossibilité

23

de déterminer les degrés d'action de la pesanteur à leurs surfaces. Ce que nous pouvons seulement savoir, c'est que, les masses de ces petites planètes étant jugées très‑exiguës, à raison des perturbations presque insaisissables qu'elles occasionnent, l'intensité de la pesanteur doit être excessivement faible sur chacune d'elles.

De ce qui vient d'être noté touchant les différences de pesanteur à la surface des astres qui circulent avec nous autour du Soleil, il est évident que, pour que des animaux puissent y subsister, il faut, qu'indépendamment de toutes les autres conditions essentielles à l'essor des manifestations vitales et à la satisfaction de leurs besoins toujours incessants, il existe un certain degré d'intensité de pesanteur à la surface de chaque astre habité; autrement toute existence animale y serait à peu près impossible.

Que si, par exemple, l'intensité de la gravitation y était considérablement affaiblie, comme dans les planètes télescopiques et comme dans presque tous, ou peut-être tous les satellites, il arriverait qu'elle n'aurait plus assez de puissance pour retenir au sol, d'une manière suffisamment stable, les habitants de ces globes. Semblables aux feuilles mortes que la plus légère brise soulève et disperse en tous lieux, ils ne pourraient, à moins qu'ils ne fussent très-matériels, se maintenir en un point déterminé qu'en se cramponnant à quelque obstacle.

Que si, au contraire, l'énergie de la pesanteur, ainsi que cela a lieu sur le Soleil, y était excessive, il en résulterait que des animaux aussi pesants que la plupart de nos mammifères demeureraient immobiles, comme de lourdes pierres, à la surface du sol, sans pouvoir changer de place, à cause de l'insuffisance de leurs forces musculaires.

Voyez, en effet, ce qu'il adviendrait pour la locomotion, si la masse de la Terre devenait tout à coup double, triple, quadruple ou décuple de ce qu'elle est; ou si, ce qui revient au même, sa densité, sans changement de volume, doublait, triplait, quadruplait, etc.; tous les corps qui sont à la surface du globe pèseraient à l'instant deux fois, trois fois, dix fois plus qu'ils ne pèsent actuellement. Ainsi le poids des animaux en serait immédiatement doublé, triplé, etc.; c'est incontestable, sans le moindre doute. Mais alors que le poids des corps serait devenu plus considérable, les forces locomotrices auraient-elles reçu en

même temps un degré d'accroissement propor-
tionnel ? Non assurément, elles seraient restées
ce qu'elles étaient auparavant; et c'est précisément parce qu'elles n'auraient rien perdu, rien
gagné, qu'elles seraient devenues relativement
inférieures, incapables conséquemment de permettre à l'animal de se transporter volontaire-
ment d'un endroit dans un autre. Le contraire
aurait lieu évidemment si la masse terrestre ou
sa densité venaient à n'être plus que la moitié, le
tiers, le quart ou la dixième partie de ce qu'elles
étaient primitivement. D'où nous formulons cet
axiome que, pour que la locomotion spontanée puisse s'effectuer librement, il est indispensable que le développement des forces de
l'animal soit en rapport avec le poids de son
corps, variable suivant la quantité de matière et
le volume de la planète à laquelle il demeure
fixé.

C'est ainsi que, dans les planètes télescopiques
et particulièrement dans Pallas, la plus petite et
très-vraisemblablement aussi la moins pesante des
cinq, un kilogramme de matières terrestres se trouverait réduit à quelques grammes ou tout au plus
à un ou deux décagrammes; tandis que, trans-

porté à la surface du Soleil, il y exercerait une pression qui surpasserait celle de vingt-neuf kilogrammes sur la Terre. Il suit de là qu'un homme du poids de 80 kilogrammes pèserait sur le Soleil près de 2 400 kilogrammes. Il y serait aussi surchargé que s'il portait 28 autres hommes sur ses épaules. Non-seulement il serait dans l'impossibilité absolue de se transporter d'un lieu dans un autre, mais, écrasé, aplati sous son propre poids, son corps mutilé demeurerait étendu sur le sol, presque sans mouvement.

Il ne saurait y avoir sur la terre d'animaux beaucoup plus gros que nos éléphants, parce que l'activité des contractions musculaires, ne pouvant s'accroître en proportion de l'augmentation de poids, manquerait bientôt de l'énergie nécessaire pour ébranler de telles masses et les mettre en mouvement. Les baleines, les cachalots et les autres grands cétacés ne pourraient pas se mouvoir à terre, en leur supposant même des membres convenablement conformés pour cet usage. Au sein des mers, c'est tout différent ; le poids spécifique de leur corps est moindre que celui du volume d'eau qu'ils déplacent : aussi viennent-ils flotter à la surface lorsqu'ils sont morts. Il n'est donc pas surprenant qu'ils puissent, vivants, nager avec une très grande rapidité dans le milieu liquide pour lequel ils sont nés.

S'il existe des êtres animés à la surface du Soleil, comme le prétendent le docteur Elliot, Bode, Herschel et d'autres encore, il faut que ce soient des espèces de nains ou plutôt des organisations de structure très-légère et en quelque sorte tout aérienne, comme celle de nos plus frêles insectes ; tandis que, dans les petites planètes, il se peut qu'il y ait des géants, attendu que l'exercice de la locomotion n'y réclame que de faibles efforts musculaires [1].

[1] Huyghens ne croyait pas que le Soleil, qu'il considérait avec toute l'antiquité comme un globe enflammé, pût être habité. Quant à la famille des cinq petites planètes et des deux grosses, découvertes seulement de nos jours, il en ignorait nécessairement l'existence. Pour ce qui regarde les anciennes planètes, il suppose, page 130 de son *Cosmotheoros*, traduit en français par Dufour sous le titre de : *Pluralité des Mondes*, que les animaux raisonnables qui les habitent doivent avoir à peu près la même taille que nous, afin, ajoute-t-il, de pouvoir travailler le bois, le fer et tous les métaux. Puis il continue en disant que, s'ils n'étaient que de tout petits hommes, pas plus gros que des rats, ils ne pourraient pas ajuster leurs instruments, ni faire d'observations dans les astres, telles qu'on les dé-

§ 93.

Si, avant la découverte de la gravitation, quelqu'un se fût avisé de prétendre que le poids des corps n'était pas constant, inaltérable, absolu; très-certainement on ne l'aurait pas cru, et cependant il n'aurait fait que proclamer la plus incontestable vérité. Le poids d'un corps ne dépend, en effet, tant que l'intégrité de sa substance est demeurée entière :

A. — Ni de son état physique, qu'il soit solide, pulvérulent, liquide ou gazeux, de forme ronde, carrée ou allongée, à une haute température ou entièrement congelé, opaque ou transparent, électrisé ou non, etc.

sire et qu'on a besoin qu'elles soient. Enfin, dit-il encore, il faut qu'ils soient semblables à nous, ou plus grands, surtout dans Jupiter et dans Saturne, dont les globes sont si volumineux en comparaison de la Terre ; car, suivant lui, ils doivent être proportionnés à la grosseur de leur planète, afin de la pouvoir parcourir et connaître aisément. Mais il n'est pas douteux que le célèbre astronome hollandais aurait été d'un tout autre sentiment s il avait pu connaître les masses des planètes, leurs densités et les effets de la pesanteur à la surface de chacune d'elles.

B. — Ni de sa constitution chimique, qu'il soit de métal, de pierre, de bois, de coton ou de tout ce qui vous plaira.

C. — Ni de ses conditions organiques ou inorganiques, qu'il appartienne au règne animal, végétal ou minéral, qu'il soit doué de vie ou qu'il en soit privé.

Tout cela, nous le répétons, n'y fait rien, absolument rien.

De quoi le poids des corps dépend-il donc?

D. — De ce dont on se doutait le moins, ou plutôt de ce dont on ne se doutait pas du tout; car il dépend de la puissance de la masse qui l'attire et de la distance à laquelle il se trouve de son centre de gravité.

Or, les planètes ayant des masses et des volumes différents, l'intensité de la pesanteur, et par conséquent la vitesse avec laquelle les corps tombent, en un temps donné, à la surface de chacune d'elles, doit y varier aussi, suivant la loi précitée, c'est-à-dire directement aux masses et inversement au carré des rayons.

A la surface de la Terre, et, par exemple, à Paris (car cette force n'a pas la même énergie en tous lieux), l'espace qu'elle fait parcourir à un corps, dans la première $1''$ de sa chute, est de 4^m 90^c [1]. Si donc on multiplie par 4^m 90^c les nombres inscrits dans le tableau relatif à la pesanteur, on aura évidemment pour produits les quantités de chute des corps graves à la surface de chacun de ces astres. C'est ainsi qu'on trouve que les espaces parcourus, dans la première $1''$, sont comme il suit [2] :

[1] Ou un tant soit peu plus de 15 pieds.
[2] Voir la remarque de la page 264.

L'espace parcouru sur le

Soleil.	$143^m 91^c$	
— Mercure.	5,63	
— Vénus.	4,65	
— La Terre.	4,90	{ C'est l'unité : 1 fois.
— Mars.	2,16	
— Vesta.	inconnu.	
— Astrée.	inconnu.	
— Junon.	inconnu.	
— Cérès.	inconnu.	
— Pallas.	inconnu.	
— Jupiter.	12,49	
— Saturne.	5,34	
— Uranus.	5,44	
— la Planète Le Verrier	5,00	

On a déjà vu que les difficultés, qui s'opposent
à ce que nous puissions parvenir à déterminer les
effets de la pesanteur à la surface des planètes
télescopiques, nous en révélaient, par cela même,
l'extrême faiblesse. Aussi ne semble-t-il pas douteux que les conséquences des chutes, telles que

commotions, contusions, luxations, fractures, etc., n'y soient infiniment moins à craindre et moins graves que sur la Terre et que dans les planètes très-massives. C'est ainsi que vraisemblablement on pourrait tomber, d'un quatrième étage, dans Pallas, sans se faire plus de mal qu'en sautant ici du haut d'une chaise ; tandis que la moindre chute dans le Soleil, en supposant qu'on puisse s'y tenir debout quelques instants, briserait le corps en mille pièces, comme s'il était pilé dans un mortier d'airain.

ARTICLE III.

Des diamètres, surfaces, volumes, masses, densités, etc.,
considérés dans les Satellites.

Les conjectures biologiques auxquelles nous
venons de nous livrer au sujet des diamètres, des
superficies, volumes, masses, densités, etc., des
planètes primaires, ne pourraient s'appliquer à
celles de second ordre, c'est-à-dire aux satellites,
que si nous connaissions avec quelque précision
les éléments analogues qui les concernent. —
Malheureusement, à l'exception de la Lune,
nous n'avons à cet égard sur tous les autres satellites que des notions extrêmement vagues,
ou même tout à fait nulles.

§ 94. LA LUNE.

En prenant encore pour étalons ou unités les
éléments terrestres correspondants, nous trou-

vous les quantités qui suivent pour le satellite qui accompagne notre planète.

Le diamètre de la Lune est le quart, ou plus exactement les 0,27, de celui de la Terre. Sa valeur, en mesures itinéraires, est de près de 344 myriamètres [1] ; ce qui fait 1,080 myriam. [2] pour la circonférence de l'astre. On en pourrait faire le tour en 9 mois, à raison de 4 myriam. [3] par jour, et en 27 jours seulement à raison de 40 myriam. [4], si l'on y pouvait voyager en chemin de fer.

La surface de ce globe est les 0,07 [5], ou environ le quatorzième, et son volume 0,049 [6], ou le quarante-neuvième, de la surface et du volume de la Terre.

Sa masse n'est que les 0,015, ou un peu plus d'un soixante-septième de la masse terrestre ; autrement dit, il faudrait 67 globes comme la Lune, dans un plateau de balance, pour faire équilibre

---

[1] Ou 860 lieues.

[2] Ou 2,700 lieues.

[3] Ou 10 lieues.

[4] Ou 100 lieues.

[5] Plus exactement 0,0729.

[6] Plus exactement 0,019683.

au poids de la Terre placée dans l'autre plateau. Sa densité est les 0,76, ou les trois quarts de celle de la terre; elle est double de la densité du verre ordinaire, de la porcelaine, de la pierre de liais, etc., et quadruple de celle de l'eau.

Enfin l'intensité de la pesanteur, à la surface lunaire, n'est que les 0,22, ou moins du quart que sur notre globe : d'où il suit que les corps n'y peuvent tomber que de $1^m,078$ [1] dans la première 1′ de leur chute.

Puisqu'il nous est prouvé qu'à raison de son manque d'eau et d'air, la Lune est nécessairement inhabitable; il est clair qu'il n'y a pas lieu d'appliquer aux êtres chimériques, dont il a plu à quelques imaginations ardentes de peupler notre stérile satellite, les conséquences biologiques qui découleraient de ces nouvelles données astronomiques. La seule remarque qui nous paraisse devoir intéresser à cet égard, c'est que, si ces fabuleux Sélénites existaient en effet, et qu'ils fussent assez industrieux pour fabriquer de grosses pièces d'artillerie, ils pourraient, en

---

[1] Ou 5 pieds, 1 tiers.

pointant convenablement dans la direction de la Terre, nous tirer des coups de canon, sans que, de notre côté, il nous soit possible, en aucune façon, d'user de représailles. Mais, pour concevoir la réalisation d'une pareille conjecture, il faut considérer que, vu la faiblesse de l'intensité de la pesanteur à la surface de la Lune et vu l'absence de toute enveloppe gazeuse résistante autour de cet astre, il n'y aurait pas d'empêchement à ce que les projectiles en question pussent atteindre et même dépasser le point de l'espace où la gravitation vers la Lune est contrebalancée par la gravitation vers la Terre, et à ce qu'une fois entrés dans la sphère d'activité de cette dernière et dès lors soumis à son attraction devenue prépondérante, ils ne vinssent tomber naturellement sur ce globe.

Lagrange et Laplace, qui ont fait ces calculs, ont trouvé que ce point, où les pesanteurs lunaire et terrestre se neutralisent, est situé huit fois et quelque chose plus près du satellite que de la planète, et que pour qu'un boulet parti de la Lune pût parvenir à cette zone d'équilibre et un peu au delà, il suffirait d'employer une charge de poudre quadruple de celle que supportent nos plus puissantes bouches à feu [1]. Ils ont, en outre, démontré qu'en vertu de cette force d'impulsion et des conditions favorables dont il a été parlé, le projectile lunaire parcourrait les 4,000 myriamètres [2] qu'il lui faudrait d'abord franchir pour arriver au point où son poids le ferait ensuite tomber spontanément sur la Terre. Mais, comme ce dernier intervalle n'a pas moins de 34,000 myriamètres [3], on comprend sans peine pourquoi les hommes seraient dans l'impuissance de riposter aux agressions des artilleurs de la Lune.

La solution de ce problème a fait penser à ces deux grands géomètres que les aérolithes, ou pierres tombées du ciel, pourraient bien provenir des déjections volcaniques de la Lune. Toutefois des objections sérieuses s'opposent à ce que cette opinion puisse prendre, dans la science, le rang que lui mériteraient des noms aussi justement célèbres.

Et d'abord, quoique la constitution éminem-

---

[1] Il suffit que la vitesse initiale du projectile, suivant la verticale, soit de 2,500 mètres par 1″ (Laplace, *Exposition du Système du Monde*, 6ᵉ édit., tome II, page 98.)

[2] Ou 10,000 lieues.

[3] Ou 85,000 lieues.

ment volcanique du sol lunaire ne fasse aucun doute aujourd'hui [1], il n'est pas également re-

[1] « On remarque sur la surface de la Lune un grand nombre de montagnes annulaires, dont quelques-unes présentent plusieurs cirques concentriques. Les belles cartes de M. Lohrmann et de MM. Beer et Madler permettent de calculer les diamètres de ces cirques lunaires. Il y en a de toutes les dimensions, depuis les plus petits que les lunettes permettent de mesurer jusqu'à plus de 90,000 mètres de diamètre. » (Élie de Beaumont, Compte-rendu de l'Académie des Sciences du 15 mai 1843).

. Voici, d'après le savant si éminemment distingué que nous venons de nommer, les mesures exactes des diamètres de quelques-unes de ces masses montagneuses annulaires de la Lune :

Le cirque α de Ptolomœus, l'un des plus petits que M. Élie de Beaumont ait pu mesurer, a.	2 190 mètres.
Taquet.	4 370 —
Euclides, Aratus.	8 030 —
Hortensius.	11 310 —
Alfraganus.	15 320 —
Biot.	17 880 —
Sosigenes.	18 240 —
Bouguer.	21 500 —
Gay-Lussac.	22 620 —
Lalande.	26 600 —
Markelyne.	29 190 —
Arago.	32 470 —
Herschel.	32 840 —

connu, malgré tout ce qui a été dit à ce sujet, qu'il y existe des volcans encore en activité. Si

Playfair.	36 800	mètres.
Tacitus.	40 900	—
Parry.	47 800	—
Archimèdes.	50 000	—
Aristillus.	52 100	—
Abulfeda.	58 300	—
Eudoxus.	63 800	—
Werner.	66 900	—
Bulliald.	71 100	—
Aristoteles.	82 100	—
Tycho.	91 200	—
Langrenus, Patavius, Humboldt, Boussingault.	140 000	environ.

C'est ainsi que les plus grands de ces cirques ou anneaux lunaires présentent jusqu'à 14 myriam. d'étendue en diamètre; tandis que les protubérances volcaniques en forme de couronne complète ou incomplète, que nous remarquons à la surface de la terre, sont loin, en général, de nous offrir de pareilles dimensions; en effet :

Le cratère du Mosenberg (Eifel), toujours d'après M. Élie de Beaumont, n'a guère que.	200	mètres.
Le cratère de l'Etna (en 1834).	350	—
— du Roderberg (près Bonn).	500	—
— du Vésuve.	700	—
Lac d'Uelmen (Eifel).	950	—
Cratère de l'Etna (en 1444).	1 500	—

nombreux qu'ils soient, tous ceux qu'on y découvre paraissent complétement éteints, et offrent

Cirque extérieur du volcan de Taal. . .	2 778	mètres.
— de la Somma (Vésuve).	3 600	—
— de Kirauea (îles Sandwich). . .	4 600	—
— du Val del Bove (Etna).	5 500	—
Caldera de l'île de Palma.	6 600	—
Cirque du grand Pays-Brûlé (enceinte du volcan de Bourbon).	7 800	—
Solfatare d'Ouroumtsi (Tartarie). . . .	9 000	—
Cirque du Cantal (le plus grand de toute l'Auvergne).	10 000	—
Lagune de Bongbong (dans laquelle se trouve le volcan de Taal).	16 500	—
Cirque de l'Oisans (Dauphiné).	20 000	—
— de l'île de Ceylan.	70 000	—

Mais revenons aux cirques de la Lune, à ces crêtes montagneuses annulaires ou elliptiques, au milieu desquelles
se voient des excavations, des enfoncements, des dépres-
sions plus ou moins profondes, qui donnent à l'hémisphère
visible de ce satellite, où elles sont très-multipliées, une
si étrange configuration. Ce sont ces protubérances circulaires que Képler et d'autres avec lui ont pris pour des
enceintes fortifiées, des murailles, des retranchements,
des parapets ou quelque chose de semblable, et qui leur
avaient fait croire que la Lune devait être habitée. Aujourd'hui que nous savons que ces accidents du sol lunaire sont dus à de nombreux soulèvements volcaniques,
et que nous en connaissons la vaste étendue, il ne nous
est plus permis de les considérer comme des résultats de

la plus grande analogie avec ceux que nous voyons en Auvergne. D'après M. Arago [1], les apparences d'éruptions qu'on a cru remarquer dans la Lune éclipsée ne sont que des espèces de fulgurations produites par la réflexion de la lumière cendrée ou terrestre sur ses rochers, dont l'expo-

l'industrie des prétendus Sélénites, dont nous avons déjà démontré plusieurs fois la non-existence (voyez § 9, 10, 17, 24 et 83).

Maintenant on peut se demander si ces immenses cirques sont bien incontestablement des restes de véritables volcans? On en peut douter, quoique l'action des forces, nécessaires pour les faire naître, par voie d'éruption, ait dû être singulièrement favorisée par cette double circonstance, savoir, que les matériaux, qui sont à la surface de cet astre, ont une densité très-sensiblement inférieure à la densité des roches qui composent l'écorce terrestre, et que, de plus, l'intensité de la pesanteur y est environ quatre fois moindre qu'à la surface de notre globe. « Toutefois, fait observer M. Élie de Beaumont, la disproportion reste encore telle, que les personnes, qui la prendront en considération, seront sans doute peu tentées de regarder le cirque de Tycho et les autres cirques lunaires comme de simples cratères d'éruption. Ils ont beaucoup plus de rapport avec les cratères de soulèvements. » (Mémoire cité, p. 1033.)

[1] Cours de M. Arago à l'Observatoire, et Annuaire du bureau des longitudes pour 1842, page 527.

sition, la forme et la nature peuvent renforcer l'éclat de cette lumière affaiblie.

Mais, s'il est possible que les volcans de la Lune aient pu projeter autrefois des pierres plus ou moins volumineuses jusqu'à 4,000 myriam. de distance [1], comment admettre, en supposant que quelques-uns soient restés en état d'ignition, que l'énorme aérolithe qui, en 1807, est tombé au Connecticut en Amérique, et qui, dit-on, était, avant sa fracture, trois à quatre fois gros comme le bâtiment de l'Observatoire de Paris, ait pu sortir des entrailles de ce satellite? Quelle force d'impulsion n'aurait-il pas fallu pour chasser une pareille masse à une aussi grande distance ? Peut-être que la puissante action de mille canons réunis, et du plus fort calibre, n'y aurait pas réussi, nonobstant les circonstances avantageuses que la Lune présente à cet égard?

Une autre difficulté résulte de la vitesse assez peu considérable avec laquelle la plupart de ces pierres mystérieuses arrivent à terre. Généralement elles ne s'enfoncent qu'à une petite profondeur, et quelquefois même rejaillissent ou

____

[1] Ou 10,000 lieues.

ricochent si la contexture du sol est dure, résistante, solide. Mais il est évident que, si telle
était leur véritable origine, c'est précisément le
contraire qui devrait avoir lieu, puisque ces corps,
en tombant de 34,000 myriam.[1] sous l'influence
de la gravitation terrestre, qui est une force continue et accélératrice, acquierraient, bien avant
d'atteindre le sol, une excessive et prodigieuse
vitesse.

On a aussi attribué à ces pierres, longtemps
méconnues, d'autres origines qui ne paraissent
pas mieux fondées, et dont la discussion prolon-
gerait, sans utilité pour l'objet que nous avons
en vue dans ce travail, cette digression déjà peut-
être trop étendue. Nous les passerons d'autant
plus volontiers sous silence que, suivant le sentiment universellement admis aujourd'hui, on
regarde les aérolithes comme des débris d'astéroïdes, ou petites planètes circulant par centaines
de milliers autour du Soleil et dans des orbites
qui coupent l'écliptique en différents points, d'où
la Terre, en les rencontrant dans sa révolution
annuelle, force les plus rapprochés à se précipiter
sur elle.

[1] Ou 85,000 lieues.

§ 95. SATELLITES DE JUPITER.

Les dimensions des satellites joviens ne nous sont connues qu'à peu près. On estime que :

Le diamètre du 1er satellite est d'env. 400 myr. [1]

—	2me	—	332 —	[2]
—	3me	—	540 —	[3]
—	4me	—	464 —	[4]

Si les incertitudes, que comportent ces difficiles mesures, ne nous permettent pas l'appréciation suffisante des surfaces et moins encore celle des volumes, elles ne sauraient être cependant assez fortes pour que nous ne puissions reconnaître, malgré les erreurs commises, que le 1er de ces astres subalternes est plus gros que notre Lune et le 2me un peu moins; que pareillement le 3me est plus grand et le 4me plus petit que Mercure;

[1] Ou 1,000 lieues.
[2] Ou 830 lieues.
[3] Ou 1,350 lieues.
[4] Ou 1,160 lieues.

et que tous, sans exception, sont plus considérables, et même de beaucoup, qu'aucune des cinq
planètes dites télescopiques.

Quoique les résultats obtenus à l'égard des
masses laissent peut-être moins à désirer, il s'en
faut encore que leur détermination soit aussi précise qu'il serait nécessaire qu'elle fût pour les
besoins de la science positive. Remarquez qu'ici
ce n'est plus la masse de la Terre qu'on prend
pour terme de comparaison, mais bien celle de la
planète centrale, c'est-à dire du corps céleste
auquel les satellites sont assujettis et auquel ils
servent de cortége.

Or, la masse de Jupiter étant
  prise pour unité. 1,000,000
Celle du 1er satellite est. . . . 0,000,017
  — du 2me. 0,000,023
  — du 3me. 0,000,088
  — du 4me. 0,000,043
                       ——————
Total des masses des quatre satellites. 0,000,171
ou environ 17 cent-millièmes
de celle de la planète.

Dans cette somme, le 3ᵉ satellite figure, lui seul, pour un peu plus de la moitié ; il est tout à la fois le plus lourd et le plus volumineux.

Chacune des masses du 1ᵉʳ et du 2ᵉ satellite sont plus faibles que celle de la Lune [1]. La masse du 3ᵉ est plus que double, et celle du 4ᵉ à peu de chose près égale ; et tandis que les masses réunies de ces quatre satellites ne forment que 17 cent-millièmes (plus exactement 171 millionnièmes) de la masse de Jupiter, celle de notre unique satellite équivaut à 1 soixante-septième de la masse terrestre.

Enfin, comme les diamètres des satellites joviens n'ont pu être évalués, ainsi que nous l'avons dit, que très-imparfaitement, il nous est impossible de rechercher quelle est l'intensité de la pesanteur à la surface de chacun d'eux, et partant quelles peuvent être les conditions d'existence que cette intensité gravitative ferait aux problématiques habitants de ces mondes subalternes

---

[1] La masse du 1ᵉʳ satellite est approchant le tiers, et celle du 2ᵉ la moitié de la masse de la Lune.

§ 96. SATELLITES DE SATURNE ET D'URANUS.

On ne connaît les grandeurs d'aucun des satellites de Saturne, si ce n'est celles de son double anneau, qui est aussi un satellite, seulement d'une autre forme que les autres.

Voici quelles sont ces dimensions :

GRAND ANNEAU OU ANNEAU EXTÉRIEUR.

Diamètre extérieur.	28 391 myr.	[1]
Demi-diamètre.	14 195 —	
Diamètre intérieur.	24 988 —	[2]
Demi-diamètre.	12 494 —	

[1] Environ 71,000 lieues pour le diamètre ; 35,000 lieues pour le demi-diamètre.

[2] Environ 62,500 lieues pour le diamètre ; 31,250 lieues pour le demi-diamètre.

PETIT ANNEAU OU ANNEAU INTÉRIEUR.

Diamètre extérieur. . . . . 24 412 myr. } [1]
Demi-diamètre. . . . . . . 12 206 —

Diamètre intérieur. . . . . 18 882 — } [2]
Demi-diamètre. . . . . . .   9 441 —

Intervalle des deux anneaux.   288 — [3]

Largeur des deux anneaux,
  ensemble. . . . .   4 754 — [4]

Épaisseur du double anneau.   20 — [5]

Vide entre la planète et l'anneau intérieur. . . . . .   3 323 — [6]

On ignore quelle est la masse de cet étrange
satellite ; mais il est clair que, si sa surface nourrit

[1] Environ 61,000 lieues pour le diamètre ; 30,500 lieues
pour le demi-diamètre.

[2] Environ 47,000 lieues pour le diamètre ; 23,500 lieues
pour le demi-diamètre.

[3] Environ 720 lieues.

[4] Environ 11,900 lieues.

[5] Environ 50 lieues.

[6] Environ 8,300 lieues.

des espèces vivantes, le poids de leurs corps doit singulièrement varier suivant qu'elles habitent ses faces aplaties ou ses bords.

Quant aux sept satellites globuleux, les seuls renseignements, que nous possédions à leur sujet, se bornent à nous apprendre que le plus voisin de l'anneau, ou le 1er en distance, est le plus petit de tous, et que le plus gros, auquel on donne le volume de Mars, est le 7me ou le plus éloigné de la planète.

Pour ce qui concerne les six satellites d'Uranus, tout ce que nous savons, c'est qu'ils sont d'une petitesse extrême et vraisemblablement très-peu pesants.

ARTICLE IV.

Des volumes, masses et densités des Comètes.

§ 97.

Le volume et la constitution physique des comètes varient tellement, de l'aphélie où elles
sont entièrement congelées, au périhélie où la
presque totalité des matières, qui les constituent,
se transforme en vapeurs légères, excessivement
rares et subtiles, qu'il n'est pas du tout probable,
nous pourrions même dire qu'il est certain qu'en
supposant que quelques organisations élémentaires
aient pu y surgir spontanément, aucune d'elles ne
serait en puissance de s'y maintenir et de se
plier à ces changements d'état radicalement incompatibles avec les exigences de toutes manifestations vitales, quelle que soit d'ailleurs leur
nature organique et leurs modes particuliers
d'existence. C'est, au surplus, ce que nous avons

déjà démontré au commencement de ce mémoire : nous n'avons donc pas à y revenir.

Mais, sous un autre rapport, si, lorsque ces
astres sont à l'état solide, ils pouvaient être pas-
sagèrement habités, malgré la rigueur du froid
qui s'y fait sentir, les êtres éphémères qui y auraient pris naissance pèseraient à peine à la
surface de leur sol, tant est grande l'exiguïté et
pour ainsi dire la nullité des masses cométaires.

Veut-on une preuve du peu de masses des Comètes? Il nous sera facile de la donner, car nous
n'aurons qu'à citer la Comète de Lexell ou
de 1770, qui s'est fourvoyée au travers des satellites de Jupiter sans occasionner le moindre
dérangement, le plus léger trouble dans leurs
mouvements, quoique deux d'entre eux soient
plus petits que notre Lune. On sait, en outre,
que de toutes les comètes, c'est celle qui s'est
le plus approchée de la Terre, à environ
240,000 myriamètres [1] : en sorte que, si sa masse
eût égalé seulement les 0,0002 de celle de la
Terre, c'est-à-dire 2 dix-millièmes, elle aurait,

---

[1] Ou 600,000 lieues, un peu plus de six fois la distance
de la Lune à la Terre.

en passant près de nous, dit M. Biot [1], apporté une altération de 3ʺ dans la durée de notre année ; or, c'est ce qu'elle n'a pas fait, la longueur de l'année étant restée la même qu'elle était auparavant.

ARTICLE V.

Des volumes et des masses des Étoiles.

§ 98.

On ne peut se refuser à admettre que les étoiles ne soient autant de soleils, escortés ou non de planètes, et réciproquement que notre Soleil ne soit aussi une étoile, et même l'une des plus petites du ciel. Or, s'il en est ainsi, il n'est pas douteux que ce que nous avons dit de l'habitation présumée de cet astre resplendissant ne

---

[1] Cours d'Astronomie professé par M. Biot ; et *Exposition du Système du Monde* de Laplace, tome II, p.65.

doive s'entendre pareillement des autres soleils ou étoiles. Celles-ci, en effet, ne lui semblent inférieures ni en masses, ni en volumes, et le surpassent même, pour la plupart, sous l'un et sous l'autre rapport. Si donc, ce qui n'est pas impossible, ces corps célestes ont aussi leurs populations d'êtres sentants et végétants, il est clair que les conditions de leur existence, et partant leur existence elle-même, doivent offrir de remarquables analogies avec celles que nous avons indiquées pour le Soleil.

CINQUIÈME SECTION.

De la civilisation des mondes planétaires. — Conclusion.

ARTICLE I.

Etats de la Civilisation.

§ 99.

Si, après avoir étudié, une à une, les principales conditions d'existence des êtres organisés dans notre système planétaire et jusque dans les étoiles, nous voulions encore étendre ce genre de considérations, et, par exemple, chercher à deviner quels pourraient être les divers états de la civilisation dans ces autres mondes, nous n'hésiterions pas à admettre que les planètes, dans lesquelles la civilisation et les institutions sociales ont dû faire le plus de progrès, doivent être celles qui, toutes choses égales d'ailleurs, sont le plus anciennement habitées et le mieux disposées pour la longévité et la prospérité de leurs habitants.

Placées dans ces heureuses conditions, les générations, ne se succédant qu'à de longs intervalles, auraient plus de temps pour mettre à profit l'expérience de leurs devancières et la leur propre. Toutefois, ainsi que le fait judicieusement observer M. A^{te} Comte [1], il ne faudrait pas que cette durée de la vie fût par trop prolongée ; car on pourrait craindre alors qu'elle ne donnât lieu à un esprit exagéré de conservation, dont l'effet inévitable serait d'entraver la marche même de cette civilisation : les vieillards, satisfaits du *statu quo*, trouveraient que tout ce qu'ils ont fait dans leur jeunesse est bien fait, et ne voudraient rien changer.

Dans des conditions opposées, c'est-à-dire dans celles des planètes peuplées depuis peu et où l'existence est de trop courte durée, cette

---

[1] Cours d'Astronomie.

brièveté de la vie, et par suite l'inexpérience générale, entraîneraient à d'incessantes innovations, à des changements continuels, qui empêcheraient de fonder quoi que ce soit d'une manière définitive ou du moins suffisamment stable et durable. Ici, tout le monde manquerait de maturité d'esprit, et, n'ayant qu'une carrière éphémère à parcourir, s'abandonnerait, avec la légèreté et la présomption du jeune âge, à des essais sans fin et sans avenir.

Mais il est visible, malgré ce qu'en ont pu dire Fontenelle, Huygens, Wolf et plusieurs autres, que nous ne pouvons que soupçonner ces divers états de sociabilité, qui peut-être, n'existent aucunement, attendu que nous savons pertinemment qu'il y a des planètes essentiellement inhabitables et qu'il ne nous est pas démontré, avec certitude, que celles que nous regardons comme susceptibles d'être habitées, le soient effectivement.

§ 100.

Mais, répliquera-t-on peut-être, si les planètes n'étaient pas peuplées d'animaux et de végétaux,

si elles ne renfermaient pas d'êtres raisonnables,
à quoi pourraient-elles donc servir ? C'est ce que
nous demanderons nous-mêmes à ceux qui ont
la prétention de le savoir. A les entendre parler
ainsi, il semblerait que rien n'est plus facile que
de sonder les desseins de la Nature, et qu'il n'y a
qu'à l'interroger pour qu'elle nous dévoile aussitôt ses secrets les plus intimes et les plus im-
pénétrables. On oublie trop aisément qu'il est
dans la science une multitude d'inconnus, de
problèmes insolubles, de questions auxquelles il
n'y a pas de réponses. Force est donc de mettre
un frein à notre curiosité et de laisser, aux rê-
veurs, la témérité de l'affirmation là où les esprits
sages s'arrêtent devant la faiblesse des conceptions humaines ; car ils savent bien que la raison
des choses nous échappe dès que nous la voulons
prendre d'un peu trop haut [1]. Au surplus, que

---

[1] « La seule difficulté qu'on puisse avoir sur l'existence des habitants de tant de millions de planètes, c'est
l'obscurité des causes finales, qu'il est bien difficile d'admettre quand on voit les erreurs où sont tombés les plus
grands philosophes, Fermat, Leibnitz, Maupertuis, etc.,
en voulant employer ces causes finales ou ces suppositions
métaphysiques de prétendus rapports entre les effets que
nous connaissons et les causes que nous leur assignons,

notre Soleil et ses planètes, y compris la Terre,
que tous les autres Soleils avec les cortéges
d'astres secondaires que nous leur supposons,
soient habités ou non, cela changerait-il quelque
chose à la constitution de l'univers, à l'ensemble
général du système, dont toutes les puissances
de notre intelligence ne sauraient pénétrer, ni la
cause, ni la fin. Il y a plus encore : savons-nous
seulement si ces innombrables soleils, que nous
voyons ou qui échappent à notre vue par leur
prodigieux éloignement, forment autant de systèmes particuliers, indépendants, isolés les uns
des autres, ou s'ils se rattachent à un seul et
unique système? L'univers forme-t-il un tout?
A-t-il un centre? A-t-il des limites? C'est ce
qu'aucune observation ne saurait nous apprendre.

§ 101.

Quelque profonde que soit notre ignorance
envers ces sujets radicalement inaccessibles à

ou les fins pour lesquelles nous les croyons exister. » (Lalande, Préface des *Entretiens de Fontenelle*, édition de
1826, p. 180-181.)

tous nos moyens d'investigation, de tout temps
on a cru à la pluralité des mondes, tant cette
opinion paraît naturelle. Dans l'antiquité et dans
le moyen âge, ce n'était qu'une croyance vague,
instinctive, spontanée, mais qui prit un nouvel
essor à l'époque où l'on découvrit que la Terre
était ronde, qu'elle était isolée de toutes parts
dans l'espace, et qu'elle se mouvait, à son rang,
autour du Soleil, comme les autres planètes auxquelles elle venait d'être définitivement assimilée.
Or, la Terre était habitée ; donc les planètes
l'étaient aussi. Persuadés que le globe, qui nous
a vu naître, n'avait pas d'autre destination, un
grand nombre de savants, de philosophes, de
métaphysiciens surtout, ne balancèrent pas à
étendre cette vue à tous les autres corps qui,
comme notre planète, font partie du système
solaire. Un célèbre astronome du dix-septième
siècle, Huygens [1], dont nous avons déjà laissé
entrevoir le sentiment, assurait même que non-
seulement toutes les planètes étaient couvertes
de végétaux et peuplées d'animaux, mais qu'elles
servaient aussi de demeure à des êtres raison-

[1] Ouvrage cité.

nables tout semblables à nous ; qu'ils avaient des pieds et des mains conformés comme les nôtres, qu'ils avaient les sens que nous avons, la même intelligence, les mêmes passions, les mêmes instincts, etc. ; en un mot, que c'étaient des hommes. Or, comme dans sa pensée, les hommes de ces autres terres doivent posséder toutes nos sciences et tous nos arts, l'illustre Hollandais ne met pas en doute qu'ils n'aient des mathématiciens, des architectes, des physiciens, des astronomes, des naturalistes, des historiens, des poètes, des musiciens, des spectacles, etc. Ils vivent en société ; et de même que les peuples de la terre, chacun de ceux qui existent dans les planètes a ses lois, ses usages, ses coutumes, ses mœurs, son industrie. Rien ne leur manque de ce que nous avons chez nous : aussi, l'imagination toujours aidant, les met-il en possession d'institutions gouvernementales et autres : ils ont une administration publique, des conseils, des tribunaux, une marine, un commerce, une agriculture ; bref, tout ce qui fait la richesse, la grandeur, la sécurité et le bien-être des nations de la terre.

Il est regrettable qu'en s'abandonnant avec

tant de complaisance à ces rapprochements fantastiques, un savant du mérite d'Huygens n'ait pas vu que rien, dans la science, ne l'autorisait à pousser aussi loin ces sortes de conjectures. Sans doute il peut être permis de faire des hypothèses sur les habitants présumés des autres mondes, et même de les concevoir doués d'intelligence, de raison, de sagesse ; mais ce qui ne l'est pas, ce qui ne saurait l'être, sans forcer outre mesure les conséquences d'un principe qui peut être vrai, c'est d'en faire des hommes ou des animaux tels que ceux qui vivent avec nous sur la terre. Il est certain qu'ils ne peuvent nous ressembler, puisque les conditions dans lesquelles il leur est donné d'exister sont, à fort peu près, aussi distinctes des nôtres qu'elles le sont entre elles. Évidemment nous ne pouvons nous faire aucune idée de leur conformation, de leurs habitudes, des qualités et de la portée de leur esprit ; leurs facultés peuvent être, ou plus développées, ou plus restreintes, ou d'une tout autre nature que celles qui nous caractérisent. Aussi cette soi-disant identité d'organisations et d'actions vitales est-elle tout à fait impossible ; il faut, au contraire, que d'une planète à l'autre,

attendu des conditions si variées, les êtres vivants, qui ont pris possession de leur sol, soient
très-différents de ceux qui appartiennent à notre
monde ou aux autres.

ARTICLE II.

Conclusion générale.

§ 102.

Comme les débats, auxquels nous venons de nous
livrer, ont déjà fait pressentir notre conclusion
finale, il ne nous reste plus, pour résumer toute
cette discussion, que quelques mots à ajouter ou
à reproduire. Rappelons-nous donc que la Nature nous montre partout des forces organisatrices
si actives de la matière, qu'il n'est pas à présumer que les autres corps célestes, que les planètes
surtout, qui ont tant de ressemblance avec la
Terre, soient désertes, infécondes, déshéritées
d'espèces vivantes, quand nous en voyons un

nombre si considérable occuper le sol et peupler les eaux de notre chétive planète. Toutefois, n'oublions pas que cette idée de l'habitation des astres n'est, en fait, qu'une simple conjecture, et que, quelque plausible qu'elle puisse nous paraître, il nous importe cependant de ne pas perdre de vue qu'elle ne repose, au fond, que sur des rapports d'analogie, et non sur des preuves directes, indubitables, décisives, convaincantes [1].

Que si maintenant quelqu'un trouvait qu'une

---

[1] Autre chose, en effet, est de rendre une opinion vraisemblable, et autre chose est de la prouver. « Nous pouvons bien soupçonner, disait plaisamment Voltaire [*], que des planètes, semblables à la nôtre, soient peuplées d'animaux ; pourtant, nous n'avons sur cela d'autre degré de probabilité, exactement parlant, que n'en aurait un homme qui aurait des puces, et qui en conclurait que tous ceux qu'il voit passer dans la rue, en ont comme lui : il se peut très-bien faire qu'en effet ces passants aient des puces, mais il n'est point du tout prouvé qu'ils en aient réellement. »—Nous espérons qu'on nous pardonnera cette singulière comparaison : si elle n'émanait pas de la plume d'un homme d'un génie extraordinaire et d'un immense savoir, nous nous serions peut-être abstenu de la rapporter ; cependant elle nous paraît si frappante de justesse, que, malgré sa bizarrerie, nous n'avons pas cru devoir nous en interdire l'usage.

[*] Œuv. compl., édit. de Dupont, tome XXX, Physique, p. 32-33.

pareille conclusion ne méritait pas la peine
d'entreprendre cette longue dissertation, nous
lui répondrions que notre but n'était pas de
prouver la pluralité des mondes, mais bien seulement de nous rendre compte, d'après les principes généralement admis dans la science, des
conditions astronomiques spéciales dans lesquelles
leurs habitants auraient à vivre.

FIN.

ADDITIONS

AUX PAGES 23 ET 36.

La *Connaissance des Temps* pour 1849 et l'*Annuaire du Bureau des Longitudes* pour 1847 qui viennent de paraître, donnent, pour caractères symboliques, à Astrée, le signe ⚓, et à la Planète Le Verrier, le signe ♃.

TABLE ALPHABÉTIQUE

DES MATIÈRES ET DES AUTEURS

CITÉS DANS CE MÉMOIRE.

A.

ACTIONS. — Tous les phénomènes de la nature consistant en des Actions et des Réactions réciproques, p. 9-10 et suiv.

AÉROLITHES. — Leur origine, p. 14 et 280. — Objection, p. 285-286.

ANCIENS. — La pluralité des mondes était une opinion généralement répandue dans l'antiquité et particulièrement chez les plus illustres philosophes de la Grèce, p 8-9 et 292.

ANCELOT. — Il a jugé, avec la sévérité qu'elles méritent, les histoires des prétendues matières organiques tombées du ciel, p. 52-53 en note.

ANIMAUX. — Quelques savants en ont peuplé l'intérieur de la terre creuse, p. 261. — Il ne saurait y avoir sur la terre d'animaux beaucoup plus gros que nos éléphants, p. 269.

ANNEAU DE SATURNE. — Tableau de ses dimensions, p. 31, 290 et 291. — C'est un corps solide et opaque, p. 47 et 170. — La nature des matières qui le composent

serait plus convenablement appliquée aux *Aérolithes* ou pierres dites météoriques, p. 14.

Volume encore plus mal connu, p. 25 et 244. — Masse inappréciable, p. 25 et 249. — Densité inconnue, p. 25, 253, 256 et 258.—Nous ignorons quelle est l'intensité de la pesanteur et la vitesse de chute à sa surface, p. 25, 265 et 274.

Cétacés. — On ne les rencontre que très-rarement en pleine mer, p. 49. — Ils ne sauraient se mouvoir à terre, alors même que leurs membres seraient convenablement conformés pour la locomotion, p. 269.

Chaleur. — Loi de la chaleur rayonnante, p. 89. — (V. au mot Température.)

Civilisation des mondes planétaires. — Quels sont les astres où la civilisation et les institutions sociales ont dû faire le plus de progrès? p. 298. — Quels sont ceux où ces progrès sont le moins avancés? p. 298-299.

Climats. — Nature et division des climats planétaires, p. 191. — Rapports des climats avec les zones; trois cas. p. 191 et suiv. — Leur habitabilité relative, p. 191 et 231.

Comètes — Elles sont en nombre indéterminé, p. 14. — Tableau, p. 37-38. — Orbites elliptiques en général très-allongées, p. 51. (V. Excentricités, p. 38.) — Les chevelures, barbes, queues des comètes, non plus qu'aucun amas de matière diffuse, ne sauraient offrir de milieux convenables à aucune sorte de manifestations vitales, p. 53. — Inhabitabilité radicale des comètes, p. 59, 83, 119, 121, 123, 125 et suiv. et 293-294. — Température et illumination des comètes, p. 115. — Leurs distances au Soleil varient perpétuellement, p. 116. — Calcul de Newton au sujet de la température de la comète de Halley, p. 116. — Remarque à cette occasion, p. 117. — Sa distance périhélie, p. 119. — Distance-périhélie de la comète du mois de

E.

F.

FABRICIUS. — Il a laissé une longue énumération de tous les philosophes qui ont cru à l'habitabilité des astres, p. 7.

FAYE. — Sa détermination de la parallaxe de l'étoile anonyme de la Grande-Ourse, p. 39.

FERMAT.—Erreurs dans lesquelles il est tombé relativement aux causes finales, p. 300 en note.

FONTENELLE.—Il a vécu et est mort cartésien. Son livre sur la *Pluralité des Mondes* est plus divertissant qu'instructif; c'est un roman qui pétille d'esprit, p. 1, 2 et 3.

FRANCOEUR. — Calcul original propre à donner une idée de la masse du globe de la terre, p. 250-251.

G.

GALILÉE. — On lui doit la découverte des satellites de Jupiter et de l'anneau de Saturne, p. 174. — Persécutions qu'il a souffertes à raison de la doctrine du mouvement de la Terre, p. 251. — Formule de son abjuration forcée, p. 251, en note. — Paroles remarquables qu'il prononça à cette occasion, p. 252. — Sa condamnation, p. 252, dans le texte et en note.

GALLE. — C'est lui qui, le premier, a vu la planète calculée et annoncée par M. Le Verrier, p. 37.

GAY-LUSSAC. — Sa dernière ascension aérostatique, p. 70-71.

GÉANTS. — Il peut y avoir des géants dans les planètes télescopiques et dans les satellites, p. 270.

GÉOMÈTRE ALLEMAND. — Bizarre expédient proposé par un certain géomètre allemand pour parvenir à constater l'existence des Sélénites et leur degré d'intelligence, p. 72 et suiv.

GRAVITATION. — *V*. INTENSITÉ DE LA PESANTEUR.

GROOMBRIGE. — Son catalogue d'étoiles, p. 39.

H.

HALLEY. — Calcul de Newton au sujet de la température de la Comète de Halley, p. 116. — Remarque à cette occasion, p. 117. — Sa distance périhélie, p. 119. — Son sentiment à l'égard de l'habitation intérieure de la Terre, p. 260-261.

HARDING. — Il a découvert Junon, p. 24.

HENCKE, de Driessen. — On lui doit la découvette d'Astrée, p. 23 et 67.

HERSCHEL (J.). — Son opinion sur la constitution physique du Soleil, p. 42, et sur la nature du climat de la Lune, p. 226.

HERSCHEL (W.). — On lui doit la découverte d'Uranus et de ses satellites, p. 34 et 182. — Sa théorie de la constitution physique du Soleil, p. 42 et 44-45.— Les anneaux, qu'il avait cru voir autour d'Uranus, n'existent pas, p. 80-81. — Il considère le Soleil comme devant être habité, p. 44-45, 132-133 et 270. — Il a reconnu, par l'observation, la rotation de l'anneau de Saturne et en a déterminé la durée, p. 171. — Il a constaté une faible atmosphère autour de ce corps singulier, p. 174. — Il a découvert deux satellites de Saturne, p. 176, et les six d'Uranus, p. 182.

HEVELIUS. — Il admettait des habitants dans la Lune et les appelait *Selenitæ*, p. 72.

Horizon. — Les astres paraissent plus grands à l'horizon qu'au zénith, p. 145.

Hufeland. — Axiome biologique, p. 129.

Humboldt (De). — Ses courses dans les Cordillières et jusqu'au faîte du Chimboraço, p. 70. — Rapports de superficie des terres et des eaux de notre globe, p. 241. — Détermination des densités moyennes des continents et des mers, p. 260. — Ce qu'il rapporte touchant l'hypothèse de l'existence d'une caverne sphérique au sein de la terre et de son habitation, p. 260 et suiv. — Proposition ridicule qui lui est faite par le capitaine Symmes, p. 261-262.

Humphry Davy. — *V.* Davy.

Huygens. — Malgré le respect que l'on doit à la mémoire de ce grand géomètre, il est impossible de considérer son ouvrage intitulé : *Cosmotheoros* autrement que comme un roman scientifique, p. 2 et 270. — C'est lui qui a fait connaître la véritable figure de l'anneau de Saturne, p. 174. — Il a découvert un des satellites de cette planète, p. 176. — Il ne croyait pas à l'habitation du soleil, mais il admettait celle de toutes les planètes, p. 270. — Il ne doutait même pas que leurs habitants ne fussent des êtres raisonnables tout semblables à nous, p. 270, 302 et suiv. — Objection, p. 304. — Autre erreur d'Huygens touchant leurs tailles, p. 270-271.

I.

Illumination. — *V.* au mot Lumière.

Inclinaisons. — *V.* Axes et Orbites.

Intensité de la pesanteur. — *V.* Pesanteur.

J.

K.

Erreur des conséquences qu'il tire au sujet des protubérances annulaires de la Lune, p. 283 en note.

L.

Lagrange. — Il a calculé le point où la pesanteur vers la Lune fait équilibre à celle vers la Terre, p. 279. — Il considérait les aérolithes comme des produits des volcans lunaires, p. 280. — Objections, p. 280 et suiv.

Lalande (De). — Son édition, avec notes, des *Entretiens sur la Pluralité des Mondes de Fontenelle*, p. 1. — C'était pour remplacer cet ouvrage, qu'il ne trouvait pas assez instructif, qu'il a publié son *Astronomie des Dames*, p. 2. — Sa judicieuse remarque sur le prétendu privilége qu'aurait la terre d'être seule habitée, à l'exclusion de tous les autres corps célestes, p. 9. — Difficultés et obscurité des causes finales, p. 300 en note.

Laplace (De). — Conditions dans lesquelles il aurait fallu que se trouvât la Lune pour éclairer convenablement la terre, p. 112-113. — Objection, p. 113-114. — Il a deviné la rotation de l'anneau de Saturne et en a calculé théoriquement la durée, p. 171. — Il admettait que les aérolithes pouvaient bien provenir des éruptions volcaniques de la Lune ; calcul à ce sujet, p. 279-280. — Objections touchant cette origine, p. 280 et suiv. — Sa remarque au sujet de l'extrême petitesse de la masse de la Comète de Lexell, p. 295.

Leibnitz. — Erreurs dans lesquelles il est tombé touchant la raison d'être des choses, p. 300 en note.

Lepileur. — Son voyage au sommet du Mont-Blanc fait en commun avec MM. Bravais et Martins, p. 70.

Leslie. — Sa conjecture relative à l'existence d'une caverne sphérique immense au sein de la Terre, p. 261.

Le Verrier. — L'étude approfondie des perturbations d'Uranus le met sur la trace d'une nouvelle Planète. Il en calcule la position, la masse, le volume, etc.; il ne la voit que des yeux de l'esprit, mais il est sûr de son existence, et l'annonce, avec confiance, au monde savant. Un observateur étranger la cherche au lieu indiqué et la découvre aussitôt, p. 5, 36 et 37.

Levers. — Cause du lever accéléré des astres, p. 61 et 141.

Lexell. — La Comète, qui porte son nom, est celle qui s'est le plus approchée de la terre, p. 294.

Libration. — Balancement apparent du globe lunaire sur son centre, p. 159-160.

Lohrmann. — Carte de la Lune, p. 281.

Lumière. — Loi de propagation de la lumière, p. 90 et 97. — Effet de sa réfraction, p. 61 et 141. — La lumière, qui pénètre dans la mer, est encore suffisante pour permettre à certains poissons d'y trouver à subsister à une grande profondeur, p. 102 et 103. — Vivacité constante de la lumière des astres malgré leurs distances, et variation du pouvoir illuminant avec les distances, p. 104 et suiv. — Comment les étoiles très-éloignées cessent d'être visibles pour nous, p. 107-108. — Illumination des planètes, p. 85, 97 et 138; des satellites, p. 110; des comètes, p. 115. — Lumière diffuse, p. 142 et 144. — Absorption, p. 143. — Absurde hypothèse au sujet de la lumière des aurores boréales, p. 261-262.

Lune ☾ — Tableau de ses Éléments, p. 20. — Son sol est solide, opaque et aride, p. 47. — Il est de nature volcanique, p. 281.—Ellipticité de l'orbite, peu considérable. (*V.* Excentricité, p. 20.) — La Lune manque d'eau et d'air, p. 57, 72, 83, 144, 162, 225, 227 et 278.—On donnait autrefois des habitants à la Lune ; Hévélius les appelait *Selenitæ*, p. 72. — Singulier expédient, proposé par un géomètre allemand, pour découvrir si la Lune est habitée par des êtres intelligents, p. 72 et suiv. — Distance, p. 20 et 224. — Elle éclaire la terre treize fois moins qu'elle ne l'est par elle, p. 110 et 163. — Elle n'a pas été faite pour illuminer la terre, p. 111 et 139. — Conditions dans lesquelles il aurait fallu que se trouvât la Lune pour éclairer convenablement la terre, p. 112, 113 et 114. — La moitié de la Lune, que nous voyons aujourd'hui, est celle que l'on a vue de tout temps et que verront nos descendants les plus reculés, p. 158-159. — Libration, p, 159-160. — Durée de la rotation et des révolutions lunaires, p. 20 et 161. — Durée et particularités de ses jours et de ses nuits, p. 163. — Point d'aurore, de crépuscule, ni de lumière diffuse, p. 162, 226 et 227. — Inclinaison de son axe de rotation, p. 20 et 224. — Saison toujours la même, p. 224. — Zones et Climats, p. 224. — Egalité de ses jours et de ses nuits, p. 224. — Nycthéméron astronomique, p. 226. — Nature du climat lunaire, p 226 et 227. — La Lune n'est sujette à aucun phénomène météorique, p. 227. — C'est une masse aride, déserte, silencieuse, p. 227. — Elle est radicalement inhabitable, p. 225 et 227. — Diamètre et circonférence, p. 20 et 277. — Durée d'un voyage autour de ce satellite. p. 20 et 277.—Surface, p. 20 et 277.—Volume, p. 20 et 277.—Masse, p. 20 et 277. — Densité, p. 20 et 278. — Intensité de la pesanteur à sa surface et vitesse de chute, p. 20 et 278. — Si la Lune avait des habitants, ils pourraient nous envoyer des boulets de canon, sans que, de notre côté, il nous fût possible d'user de représailles à leur égard, p. 278-279. — Point où les pesanteurs lunaire et terrestre se font équilibre, p. 279 - 280. — Constitution volcanique de la Lune, p. 280 - 281. — Aucun de ses volcans ne paraît en activité, p. 282 et suiv. — Mesures des cirques qu'ils présentent, p. 281 en note. — Comparaison avec les protubérances volcaniques que nous offre la terre, p. 282 en note. — Les aérolithes ne nous viennent pas de la Lune, p. 280 et suiv. — Il est plus probable que ce sont de véritables astéroïdes, p. 14 et 286.

M.

Madler. — *V.* Beer. — Carte de la Lune, p. 281.

Mars ♂ — Tableau de ses Eléments, p. 21. — C'est un sphéroïde solide et opaque, p. 47. — On n'en connaît pas la nature, p. 48. — Ellipticité de l'orbite, peu considérable. (*V.* Excentricité, p. 21.) — L'existence de l'eau dans Mars est très-vraisemblable, p. 55-56. — Son atmosphère n'est pas douteuse, p. 75. — Distance de Mars au soleil, p. 87 et 88. — Chaleur et Lumière, p. 90 et 97. — Grandeur du disque solaire vu de Mars, p. 106. — Durée du jour de cette planète, p. 133. — Durée de son année, p. 147 et 148. — Point de compensation entre la durée de ses jours et de ses années, p. 153-154. — Inclinaison de l'axe de rotation, p. 21 et 212. — Variétés de ses saisons, p. 212. — Leur durée, p. 212. — Zones, p. 212. — Climats, p. 213. — Inégalité des jours et des nuits, p. 213. — Nycthémèron astronomique, p. 213. — La durée de l'existence y est, à fort peu près, analogue à ce qu'elle est pour les habitants de la terre, p. 213. — Diamètre, p. 21, 235 et suiv. — Surface, p 21 et 240. — Volume, p. 21 et 244. — Masse, p. 21 et 249. — Densité, p. 21, 253, 256 et 258. — Intensité de la pesanteur à sa surface, p. 21 et 265.

Diamètre, p. 26, 235 et suiv. — Circonférence, p. 238. — Voyage de circumnavigation autour de cette planète, p. 238. — Ses habitants peuvent, en très-peu de temps, en visiter toutes les contrées, p. 238. — Surface mal connue, p. 26 et 240. — A peine égale à la dixième partie de celle de la France, p. 242 en note. — Population, p. 241-242. — Volume très-mal connu, p. 26 et 244.— Masse inappréciable, p. 26 et 249. — Densité inconnue, p. 26, 253, 256 et 258. — On ignore quelle est l'intensité de la pesanteur et la vitesse de chute à sa surface, p. 26, 265, 268 et 274-275. — Conséquence des chutes y est tout à fait sans danger, p. 275.

Pesanteur. — Tableau de son intensité à la surface des planètes, p. 265. — Elle est une des conditions nécessaires à l'existence animale, p. 266 et suiv. — Poids des corps, p. 271 et suiv. — Intensité de la pesanteur à la surface des satellites, p. 276 et suiv.

Piazzi. — On lui doit la découverte de Cérès, p. 25.

Pierres météoriques. — *V.* Aérolithes.

Planètes. — Elles sont actuellement au nombre de treize, p. 13. — Tableaux de leurs Éléments, p. 17 et suiv. — Les globes planétaires sont solides et opaques, p. 47. — La nature de leur sol doit être appropriée aux besoins de la vie, p. 48. — Un des caractères des Planètes, tant primaires que secondaires, et qui explique fort bien la fixité de leur sol, est de n'avoir qu'une très-faible excentricité, d'où résultent des orbites presque circulaires, p. 50. — Planètes aquifères, p. 55-56 et 82. — Atmosphères planétaires, p. 60 et suiv. — Distances des Planètes au soleil, p. 87 et 88. — Température et illumination des Planètes, p. 85 et suiv. — Hypothèses relatives à la possibilité de bien voir dans toutes les Planètes, p. 99 et suiv. —Exem-

et 222. — Rapport de cette durée avec celle de Mercure,
p. 152. — L'inclinaison de son axe de rotation nous est
inconnue, p. 36. et 223. — Nous ignorons conséquemment
l'étendue de ses zones et climats, p. 223. — Durée de ses
saisons, p. 222. — La durée de ses jours nous est inconnue, p. 223. — La plupart des conditions d'habitabilité de
cette planète nous échappent entièrement, p, 223. — Diamètre, p. 36, 235 et suiv. — Surface mal connue, p. 36
et 240. — Volume encore plus mal connu, p. 36 et 244.
— Masse, p. 36 et 249. — Densité hypothétique, p. 36,
253, 254, 256 et 258. — Intensité de la pesanteur à sa surface, p. 36 et 265. — Vitesse de chute sur cet astre,
p. 36 et 274.

Planètes télescopiques. — On les appelle encore *Planètes ultra-zodiacales* ; ce sont Vesta, Astrée, Junon,
Cérès et Pallas (*V.* ces noms). — Chaleur et Lumière,
p. 90. — On ignore quelle est la durée des jours de ces
cinq petites planètes, p. 134. — Durées de leurs années,
p. 147-148. — L'inclinaison des axes de rotation nous est
inconnue, p. 200 et 213. — Zones et climats aussi nécessairement inconnus, p. 200 et 213. — Durées de leurs
saisons, p. 214. — Elles sont, sous ce rapport, plus favorables à la longévité que celles de la Terre, p. 215.
— Diamètres, surfaces et volumes de plus en plus mal
connus, p. 237, 240, 241 et 244-245. — Ces cinq planètes sont, toutes, plus petites que notre Lune, p. 245.—
Masses, densités, intensité de la pesanteur et vitesse de
chute à leur surface, tout à fait inconnues, p. 249, 253,
254, 256, 258, 265 et 274. — Quelle peut être la taille
des habitants hypothétiques des Planètes télescopiques?
p. 270. — Les chutes y sont sans conséquences fâcheuses,
p. 274-275.

Plantes. — Elles ne végètent pas au sein des eaux très-

Q.

R.

La nature de leurs matériaux est inconnue, p. 48. — Ellipticité des orbites des six premiers satellites, très-faible ; celle du septième, sensible. (*V.* Excentricités, p. 32.) — On ne sait rien au sujet de leurs atmosphères, p. 79-80. — Malgré leur nombre, les satellites de Saturne n'éclairent que faiblement leur planète, p. 111, 138 et 179. — Un d'eux au moins se montre au-dessus de l'horizon quand les autres sont couchés, p. 111. — Coïncidence de durée entre leurs rotations et leurs révolutions, p. 32-33 et 175. — Ils tournent constamment le même hémisphère vers leur planète centrale, p. 159, 164-165, 169-170 et 178. — Durées des jours et des années des satellites de Saturne, p. 175. — Les cinq, plus anciennement découverts, avaient été appelés : *Astres de Louis*, p. 176. — Aspects réciproques de la planète et de ses satellites, p. 176-177 et 179. — Éclipses, p. 178. — Comme tous les satellites, ils offrent des conditions d'habitabilité plus avantageuses que celles de la planète elle-même, p. 179. — Comparaison avec notre Lune, p. 180. — Durées des saisons des satellites de Saturne, p. 230. — Distances des satellites au centre de la planète, p. 32 et 292. — Diamètres, surfaces, volumes et masses, inconnus, p. 32 et 292. — Comparaison avec Mars, p. 292.

Satellite de la Terre. — *V.* Lune.

Satellites d'Uranus. — Tableau de leurs Éléments, p. 35. — Ce sont des corps solides et opaques, p. 47. — On ignore de quelle nature sont les matières qui les constituent, p. 48. — Orbites presque circulaires. (*V.* Excentricités, p. 35.) — On ne sait pas s'ils sont ou non pourvus d'enveloppes atmosphériques, p. 80. — Les satellites d'Uranus n'illuminent que faiblement leur planète, p. 111, 138 et 185. — Une de ces lunes au moins se montre au-

— Inégalité des jours et des nuits, p. 218. — Nycthémê-ron astronomique, p. 218. — Douteuse compensation des avantages et des inconvénients de son habitation, p. 218. — Diamètre, p. 30, 235 et suiv. — Surface, p. 30 et 240. — Volume, p. 30 et 244. — Masse, p. 30 et 249. — Densité, p. 30, 253, 256 et 258. — La matière, dont cette planète est formée, est si légère qu'elle flotterait sur l'eau, p. 258-259. — Intensité de la pesanteur à sa surface, p. 30 et 265. — Vitesse de chute sur ce globe, p. 30 et 274.

Saussure. — Son voyage scientifique au sommet du Mont - Blanc, p. 70.

Sélénites, *Selenitæ*. (*V.* Hevelius et Lune.) — Moyen singulier, proposé par un géomètre allemand, pour arriver à constater si les Sélénites existent et s'ils sont doués d'intelligence, p. 72 et suiv. — Ils pourraient croire que la terre a été faite pour les illuminer durant leurs longues nuits, p. 111. — Comment ils verraient la terre, p. 163-164. — Combien ils donneraient de jours à leur année, p. 226. — Les Sélénites ne sauraient être que des corps bruts et inorganiques, p. 227-228. — S'ils étaient des êtres intelligents et capables de fabriquer de grosses pièces d'artillerie, ils pourraient nous tirer des coups de canon, sans qu'il nous fût possible de riposter, p. 278-270.

Sol (État physique du), p. 41. — Les globes du Soleil et des Étoiles sont solides et opaques comme ceux des planètes et de leurs satellites, p. 47. — La nature du sol doit être appropriée aux besoins de la vie, p. 48. — Fait d'histoire naturelle qui prouve la nécessité de la fixité du sol des astres pour qu'ils puissent être habités, p. 48 et suiv.

Soleil ⊙ — Tableau de ses Éléments, p. 16. — Sa constitution physique, p. 41-42 et suiv. — Le corps solide du Soleil paraît être enveloppé dans une double ou triple at-

V.

Z.

www.ingramcontent.com/pod-product-compliance
Ingram Content Group UK Ltd.
Pitfield, Milton Keynes, MK11 3LW, UK
UKHW021915070726
13614UKWH00001B/51